隨手一放好療癒

雜貨風綠植家飾
空氣鳳梨栽培圖鑑 118

鹿島善晴◎著

松田行弘◎視覺總監

前言

　　在我工作的「PROTOLEAF Garden Island玉川店」、「tukuriba GREEN調布店」，有越來越多為了尋找空氣鳳梨而來的客人。

　　以前，是以追求稀有品種的男性粉絲居多，但最近隨著花店、雜貨店、居家用品店開始搭配販售空氣鳳梨，女性粉絲也跟著急速增加中。

　　由於過去「放任不管也沒關係」等錯誤情報被廣為流傳，所以我想，栽培失敗的人應該也不在少數。

　　與其他植物相比，空氣鳳梨確實耐乾燥也容易栽培，較不需要費心照顧。但實際上空氣鳳梨雖然非常愛水，卻有不耐濕氣的性質，因此在栽培上需要一些小技巧。

　　再加上空氣鳳梨有著各式各樣的株型，而且隨著品種不同，喜好的環境也會出現個別的些微差異，如果能夠以適合該品種的栽培方式照顧，就能讓它更健康地成長。

　　本書將為各位介紹空氣鳳梨基本須知的栽培法，以及輕鬆就能看懂各品種特性的圖鑑。除此之外，因為空氣鳳梨不需土壤也能栽培，就算只是擺放著作為居家裝飾也很美，於是特別請來了人氣雜貨店「BROCANTE」的松田行弘先生。為我們介紹如何運用才能更加突顯空鳳魅力的裝飾法。空氣鳳梨擁有沉穩、不過分搶眼的色調，輕鬆就能融入各式各樣的室內裝潢，與多肉等其他植物的搭配適性也高，我相信專屬於空氣鳳梨的玩賞方式將會越來越多。

　　與心愛空氣鳳梨的日常每一天——一同來享受空氣鳳梨為我們帶來新鮮雀躍的欣喜吧！

PROTOLEAF 鹿島善晴

Part 1
空氣鳳梨的栽培祕訣

Part 2

空氣鳳梨的美麗裝飾集

Part 3

空氣鳳梨圖鑑

強健容易栽培！
空氣鳳梨的特徵&魅力

只要注意水分的補充、良好的通風與日照就能培育的空氣鳳梨。
不需要種在土壤中，因此能像雜貨小物般裝飾利用，
是造形也相當獨特的室內綠化植物。
強健而且容易栽培，接著就來介紹它們的特徵和魅力吧！

可從葉片吸收水分

　　我們常說的空氣鳳梨，主要是原生於中南美洲，鳳梨科鐵蘭屬的通稱，世界上約有600種的原生種。原產地的空氣鳳梨大多附生在岩石、樹木，或仙人掌之類的植物上，吸取雨水和霧氣的水分進而生長。空氣鳳梨最大的特徵，就在於能從葉片吸取水分。分布在葉片表面上被稱為毛狀體（毛狀突起）的器官，就是負責此工作。也因此，即使不像一般植物需要種在土壤中，也一樣能夠生長。

耐乾燥的強健植物

　　空氣鳳梨的原產地從雨水少的乾旱地區到高山地區、雨林地區都有，相當多樣。為了能在嚴酷的環境中存活下來，基本上空氣鳳梨都具備耐旱的能力，很少會枯死。在原產地，空氣鳳梨不是作為觀賞用途，而是被當作雜草看待。據說剛進來日本的時候，也不是作為植物進口，而是被當作捆包時的緩衝材。生命力強韌，就算被當作雜草也能生長，是一種對環境適應力很高的植物。

最適合作為室內綠化植物

　　不必種在花盆、器皿中也能生長，也就不需擔心會因為土壤而弄髒房間。最適合作為居家室內裝飾，或室內綠化植物使用。不僅能盛裝在淺盤上或擺放在棚架上，還能纏捲在畫框邊緣裝飾壁面，或者從窗簾桿上垂吊下來，享受立體層次的裝飾樂趣。雖然補充水分和通風環境不可或缺，但若能掌握每一個品種的個別特徵，就不須過分擔心，輕輕鬆鬆就能栽培。與觀葉植物、多肉植物、乾燥花的契合度高，建議可以一起擺飾欣賞。

外形多變，獨特而有個性

　　空氣鳳梨的魅力之一，在於獨特的姿態樣貌。比如：葉片前端呈不規則的捲曲狀、葉片展開成漂亮的簇生狀、圓滾像毛栗子般的形狀等，有著各式各樣的株型。葉片形狀也相當多樣，從細針狀葉片、細且尖如牧草般的葉片、柔軟如羊毛氈的葉片等，各有特色。植株大小從大拇指般的小型尺寸、手心大小的尺寸，到能吸引人們注目的大型尺寸皆有。可依個人準備栽培的場所或擺飾之處，運用品種各自的特質來裝飾，這也是空氣鳳梨的優點之一。

空氣鳳梨各部位的名稱

空氣鳳梨依照種類，從開花方式，到葉色與形狀皆有不同，
在此針對一般型的空氣鳳梨，說明各個主要部位。

葉

依種類不同，葉片的硬度和質感會有
所不同。葉片表面上覆蓋著稱為「毛
狀體」的器官，依據形狀和數量可分
為兩類：葉片看起來呈綠色的稱為綠
葉系，看起來如銀色的稱為銀葉系。
有部分品種在開花期（長子株的時
期）會染上其他顏色。

花

一般而言，花朵綻放後約可觀賞2到3星
期，花期長的品種可達一個月左右。部
分品種會在日照變化的春‧秋等，季節
轉換的時期開花；也有受到高溫刺激而
在夏天開花的品種。花色有粉紅、紅、
黃、紫色等，幾乎沒有白色。部分品種
會散發出花香。

根

附生在樹木或岩石等物體上，負
責吸收水分和養分。市面上會販
售無根的植株，但根部會隨著成
長而生長出來。

生根後的狀態。若固定在
樹皮或蛇木板等介質上，
更有助於促進根部生長。

花莖

結出花苞的莖部會在開花期延伸出來。
有花莖長的品種，會分出數枝花莖的品
種，也有花莖相當短的品種。

Part 1

空氣鳳梨的栽培祕訣

空氣鳳梨——是一種可以在室內玩賞，

不須費心照顧的室內綠化植物，

但就生長面來說，喜歡有良好通風的室外環境。

此外，雖然耐乾燥，卻非常喜歡水分。

我們常常容易因為根部外露的獨特外觀而放任、

忽視了它們的生長需求。

但其實只要透過適度的管理，就能長年玩賞。

首先，讓我們先掌握空氣鳳梨的基本性質，

適合生長的環境以及栽培技巧。

相信這也會有助於作為室內觀賞時的提示。

空氣鳳梨的主要類型

可依葉片顏色分為銀色系和綠色系

葉片表面有著協助水分吸收，稱為「毛狀體」的器官。
依據毛狀體的形狀和數量會讓葉色看起來不同，因此大分類為銀葉系和綠葉系。
雖然有些種類無法清楚地分類，但大致可以判定出需要的水量多寡和日照，
以作為栽培時的參考。
銀葉系的生長速度較為緩慢，綠葉系則是生長旺盛的類型。
此外，尚可依據外形分類為壺型與牧草型。
擁有蓄水結構的則稱為積水型。

銀葉系

銀葉系的代表品種──薄紗。無論是葉片的表面、背面直到前端，
全都覆蓋著毛狀體，讓植株整體看起來近似白色。

毛狀體的長度和形狀會
依品種而有所不同。圖
為薄紗，毛狀體細，似
絲綢一般。

耐旱性強，生長緩慢。

　　毛狀體發達因而讓葉片整體看似接近白色至
銀色的類型。因為水分的吸收力強，所以耐乾旱
的品種也多。此外，因為代謝較為和緩，生長也緩
慢，因此與綠葉系相比更為耐陰，即使擺放在稍
微陰暗的環境也不容易衰弱。但相反地，因為容
易吸取水分，所以也有害怕悶熱潮濕的弱點，如何
打造出通風良好的環境就變得相當重要。如果想
在室內長期觀賞，就要避免使用密閉性高的玻璃
瓶等，擺設時也要想辦法維持通風良好的環境。

綠葉系

綠葉系的代表品種——卡比它它。帶有亮澤的綠色是此品種的特徵。

卡比它它的近照。幾乎難以看出葉片表面的毛狀體。

小精靈。植株基部接近白色，葉片前端為綠色。如果整體沒有覆蓋毛狀體，可將其視為綠葉系。

在明亮的場所會不停生長

　　毛狀體不明顯，葉片整體看似綠色的類型。多數品種原生於雨量較多的區域，如能施予充足的水分就會朝氣蓬勃的生長。與銀葉系相較，生長較為旺盛，如果希望生長快速，建議選擇此類型。與銀葉系相比較不耐陰，喜歡明亮的場所，但仍要避免直射的陽光以免造成葉片燒焦。對悶熱環境的耐性較強，因此能使用玻璃罐等空氣較不流通的方式作為裝飾。即使基部葉片的外側看似銀色，但如果內側是綠色，就可視為綠葉系類型。

如以形狀分類則有下述類型

壺型

此類型有著植株基部膨脹，形狀似壺的特徵。植株基部容易積水，水分如果囤積在葉片之間會導致腐爛，因此澆水後要倒置一下，確實清除多餘的水分。圖為犀牛角。其他如女王頭、紅小犀牛角、章魚等品種，皆屬於此類型。

牧草型

此類型有著細且直的葉片，形狀宛如牧草類植物的特徵。多數品種容易乾燥，因此要給予充足的水分。圖為大三色。其他如白毛毛、紅寶石、綠毛毛等品種，皆屬此類型。

積水型鳳梨

空氣鳳梨中也有植株基部生有蓄水構造的類型。葉片肥厚且容易折斷，再加上頭大且重，所以大多是以盆植的形式販售。此類型建議維持盆栽種植較為妥當。澆水時要注入大量充足的水分，以替換原本積存於植株基部的水。圖為綠斑鳳梨（Neoregelia chlorosticta）。

空氣鳳梨喜歡的環境

喜歡通風良好的半日照處

空氣鳳梨原生的範圍相當廣泛，從北美南部至西印度諸島，再到南美洲皆有。無論是多霧的山區、乾旱的沙漠地帶，還是氣溫高的熱帶雨林等，生長的環境雖然各式各樣，但基本上都是喜歡有陽光透射的樹蔭處等明亮場所，並且有適度水分和濕度、通風良好的環境。在日本，除了寒冷的冬天以外，空氣流通的室外可以說是最適合生長的環境。如果是在室內栽培，也要盡可能給予相同的環境，這一點是很重要的。

1 日照

柔和的日照

大多數的品種在原產地時，是附生在樹木等物體上，因此喜歡有著如同從樹葉間透射而下，光線柔和的場所。若是置於室外，沒有陽光直射的屋簷下等處，有遮光的半日照場所最為適合。若是置於室內，則與觀葉植物相同，建議擺放在隔著蕾絲窗簾之類柔和光線的場所。至於使用遮光窗簾擋去光線的場所，空氣鳳梨是無法生長的。

避免夏季的直射陽光

春・秋・冬季時，如果照到較為強烈的光線並不會出現太大的問題（在台灣要注意秋老虎的高溫豔陽），但夏季時如果沒有拉上窗簾，照到強烈直射陽光的植株會因高溫導致衰弱，或葉片燒焦等情況，要小心留意。基本而言，幾乎所有的品種都喜歡陽光，但其中有一些品種是在光線稍微弱的場所也能栽培。請參考圖鑑中的標示。

2　通風

自然風吹拂之處

　　和日照一樣重要的就是通風。空氣鳳梨比多肉植物更容易順應室內的環境，置於房間中也能長期觀賞，但如果依然養不好，原因多半是出在通風。空氣鳳梨並不喜歡水分長時間留置於葉片上，最理想的狀態是，澆水後大約半天水分就能蒸發。如果是放在自然風吹拂的室外就不須擔心，但若是在室內栽培，建議一天一次打開窗戶換氣，每次30分鐘以上，讓植株吹吹自然風（參照P.20）。如果是通風不良的環境，也要有變通的方法，例如在室內觀賞一段時間後，將植株移動到室外等。外出幾天不在家時，建議在出門前先將植株移動至室外。

3　水分

其實非常愛水

　　雖然說空氣鳳梨耐乾燥，但其實是非常喜水的植物。因為能從葉片吸收水分，依據品種，即使減少水分也能長期耐乾，但建議春天至秋天期間，每天一次使用噴霧器或灑水壺澆水，並且直到水能滴下為止（參照P.20）。春天至秋天，最好的澆水時段是傍晚到夜晚。這是因為在原產地的傍晚到早晨之間，濕度會因夜晚的露水和霧水而增高，因此空氣鳳梨會在夜晚打開氣孔。此外，淋到雨水也無妨，但冬季時，晚間澆的水容易因為溫度降低而傷到植物，因此建議每星期一至兩次在早上澆水。如果是在乾燥且溫暖的室內，建議每星期澆水兩次以上。

空氣鳳梨的生長週期

緩慢生長，孕育子株。

空氣鳳梨的生長期，主要是在春天至秋天。
隨著氣溫下降，生長也會變得和緩。與其他園藝植物相比，
生長速度可說是相當緩慢。
子株需要一至兩年，甚至數年才會慢慢地成熟。
當母株伸出花芽，長出子株時，就代表了進入世代交替。
母株開花之後將養分傳遞給子株，就完成了將生命延續到下個世代的任務。
若希望植株快點長大，建議著根於蛇木板或漂流木上會更有效率。

● 購買時

挑選葉片潤澤新鮮，整體紮實飽滿的植株
（參照P.18）。店面販售的植株多半沒有根，
這是OK的。

● 慢慢地成長

一點一點慢慢長大的植株，約一年後會大一
輪。春天至初夏為生長期，進入炎夏後，會因
高溫而生長趨緩，但從夏天的尾聲到秋天，
又會恢復活力繼續生長。氣溫開始下降的晚
秋到冬天，生長又會再度緩慢。

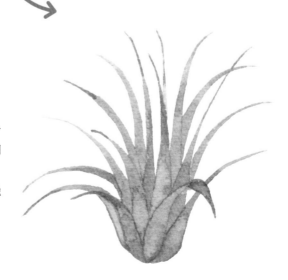

● 開花

生長速度快的品種，約一至兩年後會因為季節轉換（日照的變化），或高溫刺激的影響而長出花芽。花期主要是春天至秋天。有品種差異和植株的個別差異，有些品種從冒出花芽到花朵綻放需要非常長的時間。而母株開花的次數，一生多半只會有一次。

● 長出子株

通常冒出花芽時會長出一至兩個子株。多數品種的子株會長在植株基部，但也有長在花莖基部（參照P.18），或者植株和花莖基部兩者都長的類型。在良好環境中生長，生命力旺盛的植株可能會出現在開花前就長出子株，或者持續長出子株的情況。

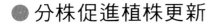

子株（側芽）

● 分株促進植株更新

當子株生長到約母株三分之一的大小時，即代表已經得到了充足的營養，可從母株上分切開來（參照P.22）。

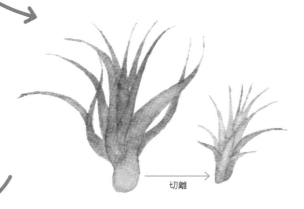

切離

● 母株枯萎

將營養都給予子株的母株會逐漸衰弱。完成任務的母株大約三個月至半年後會變成黃至茶色，結束觀賞期。而部分品種如樹猴，花期結束後母株的形狀仍不會改變，可觀賞約一至兩年。其他也有只要植株生長良好、營養充足，就能開花好幾次的品種。

空氣鳳梨的栽培方法

準備工具＆材料

必需品

購買空氣鳳梨後，首先要準備的就是澆水的工具。

① 噴霧器

每天澆水時使用。栽培數量少的時候，此工具較為便利（參照P.20）。

② 灑水壺

置於室外栽培時澆水使用。栽培數量多的時候，建議利用此工具。

③ 水桶

空氣鳳梨變得過於乾燥，需要長時間浸泡在水中時使用（參照P.20）。

有它很便利的小工具

作為室內裝飾時看起來更美觀，日常作業更便利的工具類。

① 鐵絲

將空氣鳳梨固定在板子上，或從高處垂吊時使用。

② 裝飾石

有各式各樣的大小。平舖在淺盤上或玻璃罐底部，再放上空氣鳳梨，更能襯托出美感。

③ 水苔

水苔乾燥過後的製品。具有良好的通氣性與保水性。可直接放上植物，或者將植株固定在漂流木上時作為緩衝材使用。排水性更佳的乾燥山苔也是不錯的選擇。

④ 鑷子

夾除枯葉，或進行精細的裝飾作業時使用。

⑤ 剪刀

剪除折斷的葉片或殘花時使用。

讓植株附生的必需品

為了讓植株能從根部吸收水分和養分以促進生長，
因而將根部固定，讓植株附生時所需要的物品（參照P.20）。

① 蛇木板

將爬滿氣生根的筆筒樹莖幹，製作成板狀或棒狀而
成。特點是具有良好的通氣性，不易悶熱。

② 樹皮碎片

將松樹等樹皮碾成碎片狀而成。市面上有各式各樣
的尺寸。

③ 漂流木

帶有自然野性的氣息。即使選用較小的尺寸，也能
營造出自然的氛圍。

④ 軟木板

軟木橡樹的樹皮。表面有細微的凹凸，植物容易扎
根。

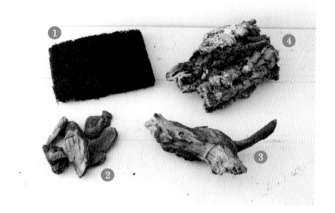

盆植時的必需品

空氣鳳梨中特別喜水的類型，可利用盆栽種植。
積水型鳳梨也能使用盆栽來培育。

① 花盆

無論是素燒盆或塑膠盆都OK。由於花盆過大反易使根部腐爛，請依照空氣
鳳梨的大小，選用適當的花盆。並隨著生長慢慢更換加大花盆的尺寸。

② 樹皮碎片（小）‧輕石

將樹皮碎片與輕石以1：1的比例混和，調配成栽培用土。不僅排水性佳，也
有適度的保水性。亦能作為洋蘭的培養土。

不適合空氣鳳梨
使用的介質

一般市售的草花專用培養土，因為保水
性過佳，所以NG。空氣鳳梨會從接觸
土壤的部位開始悶濕腐爛。椰子纖維
雖然輕且通氣性佳，但遇水變濕就難
以乾燥，是此素材的缺點。此外，因為
纖維長，和空氣鳳梨的接觸面大，通氣
性會因而降低。

挑選幼苗植株和品種時的重點

挑選水分充足，整體飽滿紮實的植株。富含水分的健康植株具有韌性和亮澤度，拿起來手感沉甸有重量。此外，株型完整漂亮、中心葉片充滿生氣的植株也是不錯的選擇。請盡量避免挑選葉片枯萎、株型不整的植株。

空氣鳳梨的品種豐富多樣，本書P.54至P.73

「空氣鳳梨圖鑑」單元中介紹的，皆是容易取得、初學者也容易上手的品種，可作為挑選時的參考。市面上不會老是相同的品種在流通，所以購買時選擇第一眼就覺得可愛、喜歡的品種更為重要。

植株整體飽滿紮實，富含充足的水分。圖為紅女王頭。

外側的葉片因日照不足而略微外翻，但中心新芽的色澤很漂亮。圖為小精靈。

新芽茂密地長出，中央葉片的數量也多。圖為紅寶石。

葉片燒焦且整體枯黃的植株，不適合選擇購買。圖為黃水晶。

 ## 購買後要進行的步驟

購買後只要澆水就可以。不需要像其他植物進行換盆移植等步驟。請準備噴霧器或灑水壺，一邊參考P.20，一邊幫空氣鳳梨補充足夠的水分。但千萬不要因為沒有噴霧器，就粗魯地拿到水龍頭下直接沖水。太強的水流會讓覆蓋於葉片表面如絨毛般的毛狀體流失。

多以盆植形式流通的積水型鳳梨，購買後也不需要進行特別的處理。如果要換盆移植，4月至5月最為適當。

不同季節皆有其適當的擺放場所

如P.12至P.13「空氣鳳梨喜歡的環境」中所介紹，
空氣鳳梨喜歡通風良好，並且日照充足的環境。
接著來介紹最佳的擺放位置，以及各個季節中要注意的重點。

春　秋

　　這是空氣鳳梨在一年中代謝最好的生長季節。不容易受傷虛弱的此時，也是最適合當作室內綠化植物來欣賞的季節。給予充足的水分，好好栽培吧！

　　所需的日照量會依照品種而有所不同，即使具有耐陰的性質，但基本上空氣鳳梨並不喜歡陰暗的場所，請盡量選擇明亮的環境。在此季節中，植株就算照射到稍微強烈的光線，也不會馬上變衰弱。

　　如果是通風良好的場所，即使只是擺放在櫥櫃或淺盤上也能生長，但是更推薦置於網子等物體上面，以減少接觸面出現悶濕的狀況。從天花板垂吊下來，也是防止悶濕的好方法。此外，因為和觀葉植物喜歡的條件幾乎相同，所以垂掛於觀葉植物的枝幹上，或者纏繞在上方等，和觀葉植物一起培育也是個不錯的點子。

　　定期讓空氣鳳梨接觸流通的新鮮空氣是相當重要的，在密閉場所中栽培的植株開始失去活力時，請暫時移至室外。當室外的最高氣溫高於30度以上時，請將植株移至涼快的場所或無日照處。植株即使淋到雨也沒有關係。

夏

　　對於喜歡高溫的空氣鳳梨來說，本來應該是喜歡夏天的，但這是有良好通風為前提的狀況。空氣鳳梨對多濕又悶熱的耐受度其實非常低，不耐日本的夏天（更別提台灣的夏天）。炎夏時即使只是放在密閉的室內一天，也有可能會讓植株受傷。請把這個季節當作讓植株休養的季節，先暫時不要置於室內作為裝飾。

　　白天外出時，可將植株移動至室外無直射陽光的屋簷下，或者北側等儘可能涼爽的場所。此外，強烈的日照會導致植株衰弱、葉片燒焦，千萬要避免。若是放在陽台，可以掛上遮陽簾製造出陰涼處，並且像曬衣服般，將空氣鳳梨吊掛在曬衣桿上。另外，冷氣室外機的出風口附近過於乾燥，也要盡量避免靠近。

冬

　　氣溫下降導致生長速度趨於緩慢的季節。當最低氣溫低於7至8度以下時，請將放在室外的空氣鳳梨移至室內，並且置於能隔著蕾絲窗簾曬到陽光的場所。一直放在室外雖然不會馬上枯萎，但絕對不可讓植株淋雨。

　　置於室內時，千萬要避免直接吹到暖氣的熱風，這樣會過於乾燥。當室內太過乾燥時，可利用加濕器輔助，或者鋪上水苔再放上空氣鳳梨，如果是附生在板子等介質上，可將介質淋濕，提升植株周圍的濕度。此外，建議一天一次選在溫暖的時段中換氣，讓植株吹拂自然風。

　　最低氣溫至少需要10度以上才能過冬的品種，如：霸王鳳、電捲燙等，如果受寒就會腐爛，因此在澆水後要將植株倒置，注意別讓水分囤積在中心。

日常的管理

澆　水

春天至秋天期間，一天一次，在傍晚時以噴霧器或灑水壺澆水。噴霧器約按壓十次，噴灑充足的水直到水滴下為止。正反兩面都噴過水後，將植株倒置並輕甩，以去除多餘的水分。因為如果讓水囤積在葉片之間，夏天時增高的水溫會燙傷植株，冬季時降低的水溫則會造成植株腐爛。

原則上最佳的狀況是傍晚時澆水，到了隔天上午植物的表面就能變乾。如果遲遲無法變乾，可以試著將澆水次數減少成2至3天一次。植株表面若15個小時以上都是潮濕狀態，並不理想。

空氣鳳梨的氣孔會在傍晚到早晨這段時間打開，因此在傍晚澆水，水分容易吸收，但冬季時過於寒冷，要改為上午澆水較恰當。此外，冬季時一星期澆一次水即可，亦可依照乾燥的狀況適度增加次數。

在陽台或洗手台進行噴水作業較方便。手拿植株，先從葉片中心開始噴水。水分要充足，噴灑到水滴下為止。

接著在葉片背面、植株基部徹底噴水。充分澆過水後，將植株倒提輕甩數次，去除多餘水分。

浸泡作業

所謂的浸泡作業，是直接將植株浸泡在裝水的水桶中，使其吸收水分的方法。這是植株已經缺水時的急救措施。如果每天都有確實澆水，就沒有進行此作業的必要。外出旅行等長時間無法澆水的時候，或者感覺植株失去活力、整體萎縮的時候即可進行。原則上，浸泡5至6小時就可以拿出植株。冬季時若水溫過低，植株可能會窒息，請視狀況適度調整。如果是固定在漂流木等資材上，請連同資材一起浸泡。

使用足夠寬廣的水桶，讓植株整體都能浸泡在水中。葉片易折斷的品種或株型較大的品種可個別進行，作業時要注意盡量不要傷到葉片。

換　氣

不耐悶熱的空氣鳳梨就算栽種在室內，最理想的環境也是窗戶一直敞開的空間。但事實上卻有實踐上的困難，因此至少一天一次，每次30分鐘，讓空氣有流通的時間。流動的自然風帶有適度的濕氣，對植物來說最為理想。

擺放在通風不良場所中的植株，要定期移至室外，如此一來，植株就能生氣蓬勃成長。因為長期放置在密閉空間已經衰弱的植株，則是要移至無直射陽光的室外至少一星期，使其恢復元氣。

施 肥

　　空氣鳳梨是不需要肥料也能成長的植物。基本上沒有施肥的必要，但若是想讓葉片的色澤更佳，或想讓植株早日長大的情況，施肥亦有其效果。

　　肥料，可利用觀葉植物用的液體肥料，約1000分之一的比例稀釋後噴灑。原則上是在4月至10月的生長期時進行，一個月施給一次。冬季則不需施肥。

　　施肥一定要在植株飽滿紮實有活力時才能進行，出現乾燥、衰弱等症狀的植株不可施肥。此外，施肥次數過多可能會造成肥傷，這點也要小心避免。

花期的照顧

　　空氣鳳梨的植株尚未成熟前是不會冒出花芽的。因此，有一年就開花的植株，也有過了好多年也不開花的植株。

　　花期沒有一定的時間，但大多在春季和秋季，一旦花朵綻放，約能維持二星期至一個月的觀賞期。花色主要有紅、黃、粉紅、紫色等，非常漂亮華麗。比較想要欣賞花朵時，可以不用馬上剪下花朵，但開花其實是需要耗費養分的，若是優先希望同時期生長的子株盡快成長時，建議早日從花莖基部剪下花朵。

　　若是一邊延伸花莖一邊在中途長出子株的品種則不須馬上剪下，等長出子株後再剪除即可。

如同圖中的紅小犀牛角（平常的顏色請參照P.70），也有品種在冒出花芽的同時，葉片會隨之變色。

冒出花芽的同時長出子株。開花後，母株會將養分漸漸移轉至子株，約半年左右後枯萎。

使用剪刀從花莖的基部剪除殘花。圖為長成叢生狀（P.22）的多國花，花朵的數量會依植株而有所不同。

想要享受賞花的樂趣

原本就會因為品種不同，有著容不容易開花的差異，想要享受賞花的樂趣，建議選擇容易開花的品種。例如：小精靈、多國花、章魚、紫羅蘭、綠薄紗（左圖）等。開花時機亦會受到環境和植株成熟度的影響，當花朵遲遲不開時，並沒有特別的對策辦法，若能讓植株接受充分的日照，同時避免葉片燒焦，就有加快開花速度的傾向。

🌿 分株

　　當空氣鳳梨長出子株，母株就會漸漸枯萎，因此建議在適當的時期進行分株，更新植株。

　　子株還小時就離開母株，會無法得到充分的營養，建議等子株成長到母株三分之一的大小時，再小心地分開。

1
植株基部長出子株的貝可利。

2
輕輕用力讓子株和母株分開。分株不論在任何時期皆可進行。

3
母株（左）和子株（右）。母株通常在開花之後半年至一年枯萎，但強健而營養充足的植株還是有可能會再次生出子株。

子株多半長在植株基部，依照品種不同，也有長在花莖基部的類型。圖為多國花。

關於叢生

　　部分品種一次就能長出很多子株，長有多數子株的狀態就稱為叢生。雖然外形相當具有人氣，但因為容易密集悶熱，為了利於植株的生長，還是建議進行分株。如果希望欣賞植株叢生的姿態，請盡可能排除造成植株悶熱的原因，例如使用鑷子或剪刀將中央母株的枯葉清除等，並且擺放在通風良好的場所。

叢生狀態的植株。圖為貝姬。

🌿 病蟲害的對策

　　雖然不會出現太嚴重的病蟲害，但要注意葉蟎和介殼蟲。兩種都是滋長於沒有確實澆水的乾燥環境。介殼蟲多出現在葉片縫隙間或葉片基部。葉蟎吸取了植株的汁液後，葉片整體會出現一粒粒的黑色疙瘩，影響美觀，尤其常在貝可利或卡比它它上看到。透過定期澆水，保持適度的濕度就能有所改善。

讓植株附生成長

空氣鳳梨只要輕放在輕石或樹皮上就能生長，但是進一步作出和原產地生態相似的環境，讓植株附生在樹木等物體上，根部的延展會更加順利，植株也會早日生長茁壯。固定在樹皮、蛇木板、漂流木等介質上的植株，約三個月就能扎根。

1
以錐子之類的工具，在底座（圖為樹皮）上鑽出鐵絲能夠穿過的孔洞。因樹皮堅硬且容易碎裂，建議開孔時慢慢增強力道。

2
將植株基部的枯葉等雜質清除乾淨，取水苔包捲植株基部。水苔是為了不讓植株被鐵絲弄傷的保護材。

3
以鐵絲輕輕捲繞植株基部的水苔。

 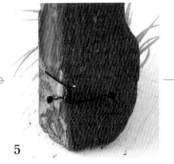 

4
鐵絲穿過底座上的孔洞，固定在底座上。水苔可能會稀稀疏疏地落下，日後再補充即可。

5
底座的背面。為了不讓植株鬆脫，要確實纏繞鐵絲固定。

6
完成。過一陣子，空氣鳳梨的根部就會生長，在樹皮表面上扎根。利用噴霧器等進行澆水時，連同根部為植株整體補充水分。

適合盆植的品種

積水型的空氣鳳梨（參照P.11）幾乎都是以盆植的狀態販售，可直接以購入的狀態栽培。此外，部分品種雖然購買時是裸根的狀態，但改用盆栽來種植，生長的速度會更快（分別在P.54～P.85「空氣鳳梨圖鑑」中介紹）。請依照右側的說明來進行盆植的步驟。換盆移植時也是相同的步驟。最適合作業的季節是4月至5月。

1
為了避免造成悶濕，即使盆植也是淺植。以照片中虛線以下的部分為參考基準，埋入栽培介質。

2
輕石與樹皮碎片以1：1的比例混合，再將植株種入。為預防根部糾結，建議一年一次進行換盆移植。

意外亮起的黃燈
這個時候該怎麼辦？ Q & A

本來想要開開心心欣賞空氣鳳梨健康漂亮的模樣，
有時卻因為葉片受傷，或植株變衰弱而操心煩惱⋯⋯
本單元將常見的問題和應對方法列出，統整了常見的 Q & A。

葉片出現折損的模樣。如果在意，可用剪刀將折損的部分剪除。

Q 葉片前端折損受傷。
如果放著不管，會有問題嗎？

A 不會有問題的。
如果在意，可用剪刀剪除。

　　空氣鳳梨常會因為植株與植株之間的相互摩擦碰撞，出現葉片折損或葉片表面受傷的狀況，但並不太會影響植株的生長。如果在意葉片的美觀，可以用剪刀等工具剪除。長莖型品種的莖部即使折成兩段，基部和前端兩方幾乎都不會出現枯萎的現象。但是像樹猴（P.66）等大型品種，失去生長點的一方則會枯萎。此外，有時也會從折斷的部分長出子株。

Q 植株外側全都變成茶色。
是不是已經枯萎沒救了呢？

A 就算外側稍微枯萎，
但只要中心部位仍是綠色就還活著。

　　展開成簇生狀的品種或長莖型的品種，下方和外側的葉片會隨著植株的成長而枯萎。這點和多肉植物是相同的。即使外側的葉片枯萎，但只要中心或接近生長點的部位是綠色且充滿生命力就沒有問題。只是外觀不太好看，建議可用剪刀將枯葉從葉片基部剪除。此舉對於預防悶濕也有效果。

莖部長長延伸的長莖型毒藥。用剪刀從葉片基部處剪除枯葉即可。柔軟的葉片可用手摘除。

發生缺水現象的貝可利（左）。充滿水分的相同品種（右）。

Q 葉片兩側向內捲起來了。
該怎麼辦才好呢？

A 這是植株缺水的現象。
進行浸泡作業補救吧！

　　部分品種的葉片本來就會向內側捲曲，但如果葉片比剛購買時還要向內捲起，這就代表植株缺水了。當葉片出現左圖的狀態時，肯定就是缺水了。這樣的植株拿在手上時，會感覺輕飄飄的，或整體像被壓扁般，水分都被抽走的樣子。請參考P.20進行浸泡作業。冬季時為了不讓植株因寒冷而受傷，請視狀況進行。

Q 雞毛撢子的毛狀體看起來變少，而且髒髒的……
該怎麼作才能讓它恢復原本蓬鬆柔軟的模樣呢？

A 毛狀體多的品種，
有時反而不需要太多水。

　雞毛撢子（P.65）原產於乾旱地區，為了更有效率地吸收
稀薄的水分，才會演變出絨毛般長且發達的毛狀體。毛茸茸
的外觀更是成為人氣品種的要因。但是，認真確實地澆水反
而會讓毛狀體失去原本的功效，讓新芽上的毛狀體變少或變
短。此時的因應對策是減少澆水的次數。基本上，毛狀體多的
銀葉系品種中，會出現此種狀況的大概只有雞毛撢子，其他幾
乎都愛水。平日請多多觀察，以最適合該品種的方式來管理。

毛狀體變少且變短的植株（左）。蓬鬆毛茸茸的植株（右）。

Q 霸王鳳的中心部分整個脫落掉下來了。
有什麼對應方法嗎？

A 不好的消息是……
若生長點已經壞死，就無法復原。

　像霸王鳳（P.60）之類中心部位（生長點附近）容易積水的空氣鳳
梨，澆水後要將植株倒置一下，去除多餘的水分。如果怠慢了此步驟，
中心部分容易悶濕，或因為積水而降低植株的溫度，導致腐爛。如果中
心部分的葉片摸起來搖晃不穩固，想要讓它恢復原狀幾乎是不太可能
的。能作的預防方法就是每當澆水時要確實清除多餘的水分。電捲燙
（P.64）、犀牛角（P.65）等葉片繁密重疊的品種，壺型等容易積水的品
種，也要特別注意。

Q 葉片的顏色變黑……
這是什麼原因造成的呢？

A 因為悶熱造成葉片變色。
請將植株放置在通風良好的場所。

　葉片會變黑的原因在於悶熱。當植株因旅行等緣故，長時
間放置在密閉的空間時就容易發生。尤其是濕氣重的夏季，更
要特別留意。若中心的綠色部分依然健康就能復原，請馬上將
植株移至通風良好的室外，暫時放在室外管理。已經變色的部
分不會恢復，只能等待新芽重新長出。澆水可依照平日的方式
進行。

column

更多關於空氣鳳梨的小知識

① 從原產地的雜草待遇，到日本的人氣植栽。

如同P.6所述，空氣鳳梨在原產地是當作雜草看待的植物。就如日本的繁縷、牛筋草般，繁殖力強，而且到處可見，所以不被視為觀賞用植物。當作緩衝材來到日本而出名的松蘿鳳梨（P.57），除了以「西班牙水草」的名字在園藝店和花店流通，也常常用於服飾或雜貨店的裝飾陳列，相信應該有不少人看過吧！

比起美國或歐洲，空氣鳳梨反而在以日本為中心的亞洲地區，如中國、韓國等更具人氣。日本約在十年前就有第一次的大流行。但可惜的是，當時欠缺正確適當的管理方法，以為不用澆水也沒關係，結果讓植株枯死的人不在少數，熱潮也就漸漸退燒了。

到了現在，管理方法已廣為人知，加上珍奇的品種紛紛增加，作為室內綠化植物的人氣因而再度急升。重量輕且容易吊掛的空氣鳳梨，已然成為想豐富壁面或空間，打造出立體層次室內裝飾時不可或缺的植物。

原產地的空氣鳳梨大多附生在樹木等物體上，少量的根部緊緊抓住樹木。圖為小精靈。

② 彎曲的植株代表了正朝著太陽延伸。

賣場中時而可見彎曲成〈字形或U字形的空氣鳳梨。〈形大多是因為植株朝著太陽伸展而形成，長莖型的品種常會出現此狀況。

而U字形，大多是向下垂吊的植株在中途改變了方向造成。將原本筆直生長一定長度的空氣鳳梨朝下垂吊時，生長點會為了要往上成長而彎曲成U字形。

彎曲成U字形的樹猴相似種。

特別是像樹猴（P.66）等大型品種，自在伸展的姿態更是強而有力。另有一種說法是，空氣鳳梨為了要在原產地更有效率地獲得陽光和風，因此發展出這種能夠彎曲莖葉，以便牢固纏繞於樹上的特性。

如果想要欣賞空氣鳳梨的獨特姿態，可以好好利用上述特性來思考如何裝飾。

③ 關於空氣鳳梨的名稱等等

自從開始大量進口空氣鳳梨的各個品種到現在，並未經過太長的時間，品種名的表記方式也因此尚未完整確立。

因此，商家在販賣時通常會取一些讓人容易聯想的名字，比如在品種名後方加上產地名，或者依品種的特徵命名為「○○Form（○○型）」等。

舉例來說，小精靈（P.56）有瓜地馬拉和墨西哥兩大產地。瓜地馬拉產的流通量大，因此價格也較為便宜。

即使品種本身已經很普遍，但市面上偶爾還是會出現帶著稀有特徵的植株，因此發現很長的名字時，不妨詢問店員看看。

國內的種苗場，會在溫室養護進口的植株苗後，再進行生產、販賣，但近年因為空氣鳳梨人氣急增，所以有生產不及的狀況。要遇到喜歡的品種或許會是可遇而不可求的情況，如果找到了，就儘早將它們帶回家吧！

Part 2

空氣鳳梨的
美麗裝飾集

空氣鳳梨不需要土壤，輕鬆就能栽培。

本單元將介紹運用空氣鳳梨作為獨特居家裝飾的小妙招。

玄關、起居室等，適合各類場所的創意點子大匯集。

可隨意使用個人喜歡的品種自由搭配，

同時也請參照「空氣鳳梨圖鑑」（P.54～）

進行栽培照顧的管理參考。

掛上小小空氣鳳梨的溫馨玄關

和帽子、圍巾並排著，掛在玄關牆壁上的空氣鳳梨。

小小植株們以麻繩輕輕串聯，宛如飾品般玲瓏可愛。

容易被人忽視的小尺寸也有了存在感。

再搭配自然素材、乾燥花等，帶來更加溫馨舒適的氣息。

● 材料·工具

空氣鳳梨9顆（6種）
麻繩
鐵絲
尖嘴鉗

● 作法

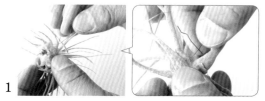

1
鐵絲穿過接近根部的葉片之間。繞植株一圈後，扭轉鐵絲固定。

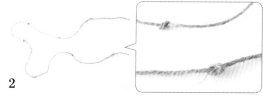

2
準備適當長度的麻繩。視整體比例在麻繩上打出和空氣鳳梨數量相同的單結。

3
鐵絲一端穿過單結後，兩端交叉，將空氣鳳梨固定在麻繩上。

4
依空氣鳳梨的種類、尺寸等，視整體比例固定在麻繩上。

● 裝飾＆管理

建議裝飾於有小窗戶的明亮玄關。麻繩串聯的空氣鳳梨不僅外觀看起來有趣，移動也很方便。不論是進行澆水或讓植株吹風的作業都很容易，也是此裝飾的一大優點。懸掛時，即使植株朝下也不會影響生長。帶有乾燥氣息的葉色和質感，與乾燥花之類的素材契合度高。

● 使用的空氣鳳梨

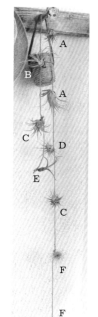

A　卡博士
B　飛牛蒂娜
C　小精靈
D　大白毛
E　章魚
F　寬葉白毛毛

順著微風緩緩搖曳的窗邊吊飾

輕輕捲起俐落葉片的空氣鳳梨。

懸掛在空中的模樣，看起來像不像正在自由翱翔的野鳥？

空氣鳳梨作成的平衡吊飾緩緩搖曳，玻璃板時而折射出燦亮光輝。

讓房間洋溢著平穩和諧的氣息。

● 材料·工具

空氣鳳梨7個（6種）
玻璃板平衡吊飾
鐵絲
尖嘴鉗

● 作法

1
先挑選尺寸適合吊掛的空氣鳳梨。分別擺放在平衡吊飾的玻璃板上，視整體的比例調整。

2
在空氣鳳梨的基部纏上鐵絲，並將其中一端穿過玻璃板上的孔洞，扭轉鐵絲兩端以便固定。

● 使用的空氣鳳梨

A　多國花
B　噴泉
C　卡比它它
D　章魚
E　琥珀
F　變異米瑪

● 裝飾＆管理

對於不喜歡濕氣的空氣鳳梨來說，通風良好的半空中是再好不過的場所。當吊飾隨風搖曳時，代表著空氣鳳梨也感到很舒服呢！請裝飾在明亮房間中的窗戶附近吧！但是懸掛在空中就像晾衣服一樣容易乾燥，因此澆水的頻率要比平常更加頻繁。可吊掛著直接噴灑霧水，如果植株基部有積水，請將水分清除。

打造美式風格的壁面

據說原產地的松蘿鳳梨，常常吊掛在電線桿或者招牌看板上。
也就是說，空氣鳳梨與街中一角的復古雜貨們很搭呢！
宛如霓虹招牌的壁面文字裝飾，
讓人聯想到原產地之一──美國南部的街頭。

● 材料·工具

空氣鳳梨12個（10種）

水苔

● 作法

1 在裝飾位置放上吸收足夠水分的水苔後，放上空氣鳳梨。水苔上很安定，有利於空氣鳳梨生長。

2 為了讓空氣鳳梨和水苔密合，擺放時需輕輕按壓。

● 使用的空氣鳳梨

A 霸王鳳	F 卡地可樂
B 龍精靈	G 卡地可樂
C 紅卡比它它	H 貝可利
D 全紅小精靈	I 松蘿鳳梨
E 三色花	J 細葉型琥珀

● 裝飾 & 管理

澆水時，要讓鋪在下方的水苔充分吸收水分。其實沒有水苔也OK，但如果包上水苔並用鐵絲固定，更有助於植株的生長。雖然一天有數小時日照，而且通風不差的環境就能將空氣鳳梨作為壁飾，但依然建議要頻繁地移至室外較為妥當，尤其是特別喜好通風不耐悶熱的品種。

配合餐桌桌巾的質感

私人的休閒派對裡，擺放的裝飾不是鮮花，也不是盆栽，
若是這種充滿個性的餐桌布置，一定能成為大家的話題吧！
鋪上洗到有點泛白的亞麻布，裝點出份量滿分的餐桌吧！
空氣鳳梨的微乾燥質感，令人聯想到法式或帶有民族氣息的餐桌。

材料 · 工具

空氣鳳梨8個（6種）
輕石
玻璃器皿

作法

1

在器皿中鋪上輕石。為了讓大型空氣鳳梨更安定，在擺放的位置作出淺槽。

2

先將視覺重點的大型植株放入凹槽。再將輕巧不穩定的植株輕輕插進輕石中。

3

若能搭配大小·種類不同的植株，或者葉片俐落具動感的類型，就能作出帶有豐富風情的裝飾。

使用的空氣鳳梨

A　霸王鳳
B　紫色巨型維尼寇沙
C　龍精靈
D　斑葉小精靈
E　硬葉多國花
F　費希古拉塔

裝飾＆管理

建議將空氣鳳梨放在同一個淺盤中，這樣比較容易移動至日照通風佳的場所。輕石在噴灑霧水時也會吸入水分，因此能保有適當的濕度。澆水時不要讓霸王鳳的葉片間積水。雖然看起來像是組盆植栽，但因為沒有土壤，所以即使裝飾在餐桌也依然清潔乾淨。

層板架上的小小綠花園

並排著許多盆栽的層板架，彷彿是個小庭園。
牆壁也能變身成充滿潤澤感的療癒空間。一起擺放著的蘭花和多肉，
都是和空氣鳳梨一樣喜歡半日照、喜歡透過蕾絲窗簾柔和光線的植物們。
旁邊的一盆小花，替小庭園加入日常的美好變化。

🌀 材料·工具

空氣鳳梨
漂流木
鐵絲
尖嘴鉗

🌀 作法

1

先在植株基部纏上鐵絲，再將植株置於漂流木上，扭轉鐵絲固定。

2

視整體調整配置，以相同方式固定其他植株。若選用不同大小·顏色·形狀的空氣鳳梨，更能增添變化。

🌀 裝飾＆管理

選用生長環境相似的植物一同裝飾，例如都不喜歡直射陽光或多濕的環境，如此就能讓澆水等管理工作變得輕鬆。太深的層板架，後方通風會不良，因此選用深度淺的架子，並設置於空氣易流通的場所。要時常讓盆栽輪替到室外的無日照處休養。

🌀 使用的空氣鳳梨

A　硬葉多國花
B　多明尼加卡比它它
C　長莖型毒藥
D　雞毛撢子
E　費希古拉塔
F　電捲燙

以鬆軟纖細的葉片妝點梳妝台

放著鏡子與香水瓶的梳妝台。
只要在玻璃瓶上輕輕放著空氣鳳梨，
眼前的氣氛頓時變得輕柔又平和。
優雅的銀色葉片與寶石般的小小燈飾十分契合，
蓬鬆的葉片靜靜散逸著淡淡的甜美氣息。

● 裝飾 & 管理

· 使用梳妝台之後，在整理的同時就能隨手裝飾，像雜貨般輕便簡單。
· 即使離窗戶有些距離，但可以利用鏡子反射的光線確保明亮度。
· 房間不要密閉以確保通風，並時常將植株移動至室外休養。

● 使用的空氣鳳梨　　雞毛撢子、硬葉多國花

營造溫暖明亮的工作空間

想翻開筆記本、打開電腦工作時，能像雜貨般立刻移至一旁的空氣鳳梨。

柔和護眼的葉色有助於提升工作效率，是工作桌上不可缺少的小夥伴。

霧面玻璃的窗邊，陽光能適度地透射進來，空氣也容易流通，對空氣鳳梨來說是最棒的居所。

● 裝飾＆管理

· 擺飾在籃子或網狀容器中，通風會更好。

· 因為就擺放在眼前，更能掌握澆水的最佳時機。

● 使用的空氣鳳梨

雞毛撢子 · 小精靈 · 硬葉多國花 ·
費希古拉塔 x 宏都拉斯 · 旋轉提姆
卡博士 · 寬葉白毛毛
哈里斯 · 噴泉 · 小精靈

猶如樹枝上長出的春之新芽

樹枝上冒出的綠芽，其實是小型的空氣鳳梨。柔和的色澤彷彿新芽。
一根樹枝上就長有綠葉、銀葉、捲曲的葉、彩球般的葉等……
何不試著以各式各樣的品種來設計呢？
欣賞了空氣鳳梨和裸枝的組合後，也許春天就能和真正的新芽一起搭配呢！

● 材料·工具

空氣鳳梨13個（9種）
樹枝
鐵絲
尖嘴鉗

● 作法

1
樹枝平放，先將空氣鳳梨放在想要裝飾的位置，視整體調整配置，想像完成後的模樣。

2
考量空氣鳳梨的生長方向，將穿過植株基部的鐵絲綑綁固定在樹枝上。

3
若因為樹枝光滑不易固定，可選擇綁在樹枝的分枝處等。

● 使用的空氣鳳梨

A　寬葉白毛毛
B　女王頭
C　貝里奇安娜
D　卡博士
E　三色花
F　貝可利
G　卡比它它
H　雞毛撢子
I　大白毛

● 裝飾＆管理

即使是小型的空氣鳳梨，只要綁在樹枝上，立刻就有了存在感。而且，固定在樹枝上的植株也容易生長，對於培育小苗也有幫助。以樹枝的分枝處或芽點為固定點，將空氣鳳梨綁在樹枝上吧！亦可將庭院中修剪下來的樹枝再利用，或者也可以使用過年插花時用的柳樹枝條來裝飾。

化身為收集品展示區的舊架子

收集的品種漸漸變多時，裝飾在這樣的架子上也滿有趣的。
通風性佳的鐵線製品，作為空氣鳳梨的展示架真是再適合不過。
帶有復古風的鐵架能襯托出空氣鳳梨的淡雅色澤。
不需裝飾過多的植株，細細品味整體的氛圍吧！

● 裝飾 & 管理

・就像展示心愛的收藏品般，將空氣鳳梨排列上去吧！
・雖然可以放置很多數量，但重點不在多，而是要讓架子成為室內的裝飾，適量才是要訣。
・先決定好作為焦點的植株，再視整體規劃其他品種。

● 使用的空氣鳳梨

貝可利・卡博士・三色花・噴泉・
寬葉白毛毛・飛牛蒂娜・紫色巨型維尼寇沙等

結合香草打造美味廚房

輕放在空瓶上，或吊掛在窗邊……處處妝點著空氣鳳梨，
打造出一個會讓人忍不住想要動手製作料理，充滿愉快氣氛的廚房吧！
細長葉片的空氣鳳梨搭配具有份量的香草，美好豐富的綠空間馬上就出現了。

● 裝飾＆管理

‧具有窗戶的廚房，是相當適合空氣鳳梨的明亮場所。
‧雖然會擔心水槽附近的濕氣，但要是裝上換氣扇或者打開窗
　戶，反而會變成通風良好的場所。
‧能依照植株的狀況頻繁澆水。

● 使用的空氣鳳梨

小精靈‧卡比它它‧硬葉多國花
粗糠‧多明尼加卡比它它‧雞毛撢子

清爽佇立窗邊的玻璃培養瓶

自由伸展葉片的空氣鳳梨。

使用簡單的容器栽種，就能清楚看見那優雅有型的姿態。

以玻璃瓶作為花器種植，就能全方位的觀賞，想必會讓人更加愛不釋手吧！

有樹蔭遮光的舒服窗邊正是最佳居所。

● 材料＆使用的空氣鳳梨

A　虎斑
B　哈里斯
C　貝可利
D　女王頭
E　三色花

植株小，所以使用小粒的輕石。適當的間距可避免悶濕。淺淺插入輕石中使植株直立即可。

大型植株使用樹皮碎片，能營造出自然的氣息。
◎圖為三色花

綠葉系品種較耐悶熱，適合裝飾在玻璃容器中。
◎圖為章魚

株型長，所以選用細長的容器。數個容器並排時也能增加裝飾性。
◎圖為旋轉提姆

因為是特別不耐悶熱的銀葉系品種，所以選用了通氣性佳的寬口容器。
◎圖為費希古拉塔 × 宏都拉斯

● 裝飾＆管理

葉色濃綠的綠葉系品種比較耐悶熱，因此可用較深的瓶子。不耐悶熱的銀葉系品種則選用口徑寬，空氣易流通的容器。兩者都不上蓋。澆水時直接噴灑霧水即可，並且擺放在窗邊等通風特別良好的場所。如果是不需種植就能生長的類型，注意只要淺植就好，不要植入過深。

為洗手台帶來一抹清爽

裝飾在肥皂盒上,或著吊掛在洗手台旁。
葉色在白牆的襯托下更顯柔和,為洗手台帶來了恰到好處的清爽。
空氣鳳梨能像雜貨般利用,連水槽旁的狹窄空間也能輕鬆裝飾,
但依然要注意通風,並且時常讓它們到室外去透透氣。

● 裝飾 & 管理

· 裝飾在水槽旁,應該就能經常澆水吧。
· 雖然銀葉系品種在較陰暗的場所也能生長,但依然需要一天一次,
  一次30分鐘的換氣時間。
· 銀葉系的雞毛撢子是喜歡澆水後趕快變乾的類型,因此要特別注意
  通風。

● 使用的空氣鳳梨

霸王鳳 · 卡比它它 · 雞毛撢子 ·
松蘿鳳梨

以復古花器妝點霧面玻璃的窗邊

霧面玻璃窗旁的空氣鳳梨，可利用馬口鐵容器來加強印象。

容器的復古色澤不僅和淡綠葉色相當契合，與壁面的顏色也十分融洽。

正因為空間中的顏色不多，葉色和質感的微妙變化都能感受得到，建議可以好好挑選品種。

● 裝飾 & 管理

・鋪在馬口鐵容器底部的樹皮碎片能維持適當的濕度，預防乾燥。

・霧面玻璃能緩和直射的陽光，為空氣鳳梨帶來喜歡的適度日照。

・時常將植株移動至室外休養。

● 使用的空氣鳳梨

紅卡比它它・硬葉多國花

纖柔色彩勾勒出門上的小花束

帶有少許紫色的唯美植株作為中心，一旁搭配纖細的銀葉＆明亮的綠葉，
再加入紅色花朵當作點綴，就完成了美麗的壁掛式小花束。
裝飾於稍高一點的位置，讓低垂而下的莖葉展現出輕柔的姿態。
對於擁有大片窗戶的門扉，小型輕巧的類型最為適合。

● 材料·工具

空氣鳳梨6個
木頭底座（約10公分）
鐵絲2種（粗·細）
尖嘴鉗

● 作法

1
先在花束主角的空氣鳳梨基部
綁上細鐵絲，再固定於木頭底
座上。

2
其他植株也依循步驟1的要領，一一固定在木頭底座上，最後
以粗鐵絲纏捲長莖型品種並固定。

3
以粗鐵絲作出吊掛環，方便完
成的壁飾懸掛。

4
完成壁飾。因為空氣鳳梨生長
慢，整體外形不容易走樣，所
以能欣賞很長一段時間。

● 使用的空氣鳳梨

A　粗糠
B　紅寶石
C　雞毛撢子
D　紫色巨型維尼寇沙
E　阿海力
F　阿海力×紅小犀牛角

● 裝飾＆管理

長莖型品種雖能展現出自然的曲線，但因為容易
折斷，處理時要細心謹慎。屋簷下的大門不會有
陽光直射，是有著適度日照的舒服環境。空氣鳳
梨本來就喜歡室外，除了氣溫低於0度以下的日
子和冬季的下雨天之外，可以放心裝飾在門上。
如果是厚重的大門，利用霸王鳳等大型植株當主
角也很不錯。

裝進鳥籠，增添幾分野趣

裡頭放了什麼呢……讓人不禁想一窺究竟的鳥籠。

裝飾在鳥籠裡的，是小型的空氣鳳梨。

羽毛般柔軟的質感與纖細的姿態，猶如小鳥一般。

枝葉輕垂的自然野性，像不像正要從鳥籠中展翅飛翔？

● 材料·工具

空氣鳳梨6個
鳥籠
鐵絲
尖嘴鉗

● 作法

將鳥籠固定在牆壁上。無論是從鳥籠中垂下的植株，
還是仿造小鳥停在樹枝上的植株，建議都以鐵絲固定為宜。

● 使用的空氣鳳梨

A　粗糠
B　三色花
C　變異米瑪
D　阿海力×紅小犀牛角
E　阿海力
F　硬葉多國花

● 裝飾 & 管理

這面牆是一天之中只有數小時日照的半日照環境。因為是不太會淋到雨的屋簷下，且通風良好，對空氣鳳梨來說是絕佳的場所。風勢太強可將鳥籠的門關上，以防植株被吹走。此外，長莖型的品種莖部容易折斷，因此摘除乾枯的下方葉片等時候，要小心處理。

碎光輕灑的搖曳吊籃

三角形屋頂的飼料台，彷彿是空氣鳳梨的搖籃。
從樹葉間灑落著舒服陽光的庭院，
即使盛夏也不必擔心濕氣過重，能直接灑水。
沉穩的灰色為綠色的庭院加入美麗點綴。

● 材料·工具
空氣鳳梨5個
小鳥飼料台

● 作法
直接將空氣鳳梨擺放在飼料台上即可，但鋪上水苔並
以鐵絲固定，更有助於植株生長。

● 使用的空氣鳳梨

A　紫色巨型維尼寇沙
B　費希古拉塔
C　龍精靈
D　旋轉提姆
E　哈里斯

● 裝飾＆管理
與吊掛在屋簷下的狀態相同，若是不會結霜的地區，即使是冬季
也能放在室外。只是冬季的雨水太冷，會使植株受傷，建議移至
室內。寒冷地區冬季時，請務必移進室內進行管理。此外，如果
以鐵絲固定，就不用擔心植株會被風吹落或吹走。

Part 3

空氣鳳梨圖鑑

本書列舉了初學者也能輕鬆上手的48個品種，

以及充滿個性化魅力的70個品種，共118種空氣鳳梨。

請參照「圖鑑的使用說明」，了解每一個品種的特徵和魅力，

作為挑選品種、管理和室內裝飾時的參考。

圖鑑的使用說明

紫羅蘭 ❶

T. aeranthos ❷ ❹ ❺
❸
取得難度：普通　尺寸：中　日照：B

直線型的葉片呈放射簇生狀展開，莖部直立，綠葉系的
長莖型品種。生長較快，易結花，初學者也容易栽種。喜
歡水分，需經常噴灑霧水，乾燥的季節需進行浸泡作業
（P.20）。易長子株，容易叢生的類型。具耐寒性，若是溫暖
地區，冬季時也能在室外過冬。因葉片較硬，容易折損，要
小心留意。 ❻

---

❶ **品種名（中文俗稱）**

❷ **學名**　「*T.*」為鐵蘭屬（＝Tillandsia）的簡寫。

❸ **取得難易度**

　　容易：在一般園藝店就可能發現。
　　普通：經常可見。
　　困難：只有在專門店才可能找到。

❹ **植株尺寸**

　　小：開花時10公分以下。
　　中：開花時20公分以下。
　　大：20公分以上。

❺ **日照需求度（右圖）**

　　A：需要窗邊的明亮度。
　　B：餐桌上之類，距離窗邊稍遠的場所也OK。
　　C：牆面之類，光線稍微不足的場所也OK。

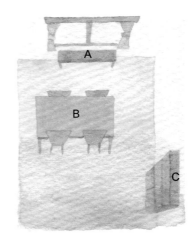

❻ **特徵**

　　基本的外觀、品種特性，栽培時的注意要點等。

初學者也能輕鬆上手
推薦款品種

48

本單元將介紹48種比較容易取得與管理的品種。
因為大多數的價格都很平易近人，不妨先從喜歡的品種試著栽培看看吧！

紫羅蘭
T. aeranthos

取得難度：**普通**　尺寸：**中**　日照：B

直線型的葉片呈放射簇生狀展開，莖部直立，綠葉系的長莖型品種。生長較快，易結花，初學者也容易栽種。喜歡水分，需經常噴灑霧水，乾燥的季節需進行浸泡作業（P.20）。易長子株，容易叢生的類型。具耐寒性，若是溫暖地區，冬季時也能在室外過冬。因葉片較硬，容易折損，要小心留意。

阿珠伊
T. araujei

取得難度：**普通**　尺寸：**中**　日照：A

強健且生長力旺盛的品種。喜歡水分的綠葉系，經常噴灑霧水是十分有效的照護方式。有各式各樣的系統和變種，每一種都會開出美麗的花朵，花期長也是此品種的特徵之一。長莖型，莖部會朝向陽光大幅度地彎曲生長。

紅寶石
T. andreana

取得難度：**普通**　尺寸：**中**　日照：A

纖細葉片展開成球型的美麗綠葉系。雖然喜歡水分，但如果基部的葉片之間囤積了水分，或者長時間浸泡水中就容易腐敗，而且因為葉片容易折損，因此栽培時噴灑霧水即可。較不耐寒，冬季時需置於10度以上且溫差少的場所。

小精靈
T. ionantha

取得難度：**容易**　尺寸：小　日照：A

空氣鳳梨的代表品種，也是最容易取得
的品種之一。原產地多，系統也多，但是
全都喜歡明亮的場所，適合水分充足且
通風良好的環境。其中雖有植株基部帶
銀色的品種，但仍歸類於綠葉系。

墨西哥小精靈
T. ionantha（Mexican form）

取得難度：普通　尺寸：小　日照：A

墨西哥原產的小精靈。和火焰小精靈相
同，開花之前會染上紅色。特徵是容易叢
生。

花生米小精靈
T. ionantha var.stricta forma fastigiata

取得難度：普通　尺寸：小　日照：A

小精靈的交配種，通稱「花生米（Peanut）」。
和其他葉片呈簇生狀展開的小精靈相比，葉片
較為閉合，形成直長的輪廓。

全紅小精靈
T. ionantha 'Rubra'

取得難度：普通　尺寸：小　日照：A

照片是平常的時候，開花前會轉變為美
麗的顏色，多會呈現出粉色調的淡粉紅
色。在小精靈系列中擁有較細且纖柔的
葉片。為瓜地馬拉原產的栽培種。

火焰小精靈
T. ionantha 'Fuego'

取得難度：普通　尺寸：小　日照：A

和全紅小精靈相同，接近開花期時，整
體會染上鮮豔的紅色。細葉密集，給人
纖細的印象。

瓜地馬拉小精靈
T. ionantha（Guatemalan form）

取得難度：容易　尺寸：小　日照：A

中美洲北部瓜地馬拉的原生種。以小精
靈的名稱廣為流通的空氣鳳梨多為此品
種。

細葉的捲曲類型。葉片易纏繞導致悶熱，因此要特別注意通風。

左邊是粗葉的直線型。右邊是細葉的捲曲型。

粗葉的直線型最為強健，是適合初學者栽培的品種。

松蘿鳳梨

T. usneoides

取得難度：容易　尺寸：大　日照：B

雖是銀葉種，卻是空氣鳳梨中最愛水分的品種之一。為了要維持美麗的姿態，需經常噴灑霧水或浸泡水補充水分。在原產地時，多攀附在樹木枝幹或電線等物體生長。生長速度快，下垂的長度甚至能比人的身高還長。別名「西班牙水草（Spanish Moss）」，也經常作為鮮花的裝飾或包裝材使用。葉片有各式各樣的粗細和形狀，但都會開出黃色的小花。

火炬
T. caulescens

取得難度：**普通**　尺寸：**中**　日照：A

學名是拉丁語「長莖的」意思。如同名稱般，莖部會朝上，
猶如扭曲般長長地延伸。特徵是像松葉般硬且尖的葉片。
綠葉系，喜歡空氣濕度高的環境，因此需要經常噴灑霧
水。葉片線條直且硬。

卡地可樂
T. cacticola

取得難度：**普通**　尺寸：**大**　日照：A

據說是因為在原產地時多附生在仙人掌（Cactus）上，所
以如此取名。非常強健，耐旱性強，能生長成大型植株。
市面上有相當多不同的株型在流通，收集同品種但不同形
狀的植株也是很有趣的。雖然看起來帶有銀色，但屬綠
葉系，葉片柔軟。

薄紗
T. gardneri

取得難度：**普通**　尺寸：**中**　日照：A

銀葉系的代表，葉片被非常美麗的毛狀體（P.10）包覆。
需放置在通風良好的場所，並且最好附生在軟木或蛇木
板上，使其從空中自然下垂，如此較容易維持美麗的姿
態。非常嬌弱，一旦乾燥葉片便會皺縮、前端也會變色，
且不易復原，因此務必要定期澆水。夏季時易悶熱，需特
別注意。

卡比它它
T. capitata

取得難度：**容易** 尺寸：**大** 日照：**A**

綠葉系，擁有明亮帶光澤的葉片。屬於非常喜水的品種之一，只要施給充足的水分，就會生長蓬勃。葉片薄，強烈的日照會造成葉片燒焦，要留意。可以輕石、樹皮碎片等素材為介質，種植在盆栽中。有各式各樣的系統和變種。

紅卡比它它
T. capitata 'red'

取得難度：**普通** 尺寸：**大**
日照：**A**

卡比它它的紅葉品種。和卡比它它相同，強烈的日照易使葉片燒焦，但日照不足時葉片則會變成綠色，需要特別留意。葉片數量多且硬。澆水時喜歡多一點的水分。如果日照條件佳，從中心部分的新芽到外側的葉片，整體都會呈現美麗的葉色。

女王頭
T. caput-medusae

取得難度：**普通** 尺寸：**中** 日照：**A**

植株基部膨大，是人氣的壺型品種。種小名的意思是「蛇髮女妖梅杜莎的頭」。容易叢生，生長旺盛且強健。葉片生長的方向不規則且扭曲為其最大特色。喜歡日照，建議春天至秋天期間擺放在室外的屋簷下進行管理，但要避開夏季的強烈日照。植株基部雖是白色，但屬綠葉系。

霸王鳳

T. xerographica

取得難度：**普通**　尺寸：**大**　日照：A

分類屬積水型，但因為耐旱性較強，所以一般都不栽種在盆栽中。雖然是銀葉系卻喜歡陽光，所以請置於明亮的窗邊來管理。不太耐寒，且生長點（芯）容易腐爛，因此盡量避免放置在清晨或晚間溫度會驟降的場所。株型大，具存在感，相當適合當作視覺焦點來擺飾。照片中是培育約5年的植株。母株在開花後一年也不會枯萎。

學名的意思是「雙胞
之花」。一個花苞中
會結兩朵花。

綠薄紗
T.geminiflora

取得難度：普通　尺寸：中　日照：A

外形姿態雖和多國花（P.64）相似，但寬幅
比多國花寬，柔軟的葉片呈放射狀展開。
強健容易栽培的綠葉系，因為喜歡水分，
所以也能利用盆栽種植。粉紅和紫色的花
非常華麗優美，是開花性非常好的品種之
一，但花期較一般的空氣鳳梨來得短，約
一星期左右。

克洛卡塔
T. crocata

取得難度：普通　尺寸：中　日照：A

銀葉系，特徵是扭曲且毛狀體包覆的細葉
片。顏色和質感雖然和松蘿鳳梨（P.57）相
似，但株型較圓弧。容易叢生，不喜歡長時
間處於潮濕的狀態，因此要置於通風良好
的場所，還要注意是否悶熱。花朵為帶有芬
芳香氣的黃色小花。如果能以附生於軟木
板等介質的方式栽培，會更有助於生長。

空可樂
T. concolor

取得難度：**普通** 尺寸：**中** 日照：**A**

生長旺盛的人氣品種。質地略硬且長的葉片呈放射狀展開，擁有美麗的姿態。因為葉片容易折損，因此進行浸泡作業時要準備大水桶，輕巧放入，不要勉強塞進去。裝飾時也要考慮是否有足夠的空間。如果想加快其生長速度，可在生長期噴灑液體肥料的霧水，如此會更有效果。

猶空大
T. jucunda

取得難度：**普通** 尺寸：**中** 日照：**A**

銀葉系品種，展開的綠白色葉片呈標緻的簇生狀，勾勒出美麗的表情姿態。栽培較為容易。葉片帶有硬質感，前端細且尖。因為葉片容易折損，因此和空可樂（上）相同，在進行浸泡等作業的時候要特別小心留意。接近開花期的時候，植株的中心部分會染上淡淡的粉紅色。

紅三色
T.Juncifolia

取得難度：**容易** 尺寸：**中** 日照：**A**

牧草型中綠葉較為明顯的品種，部分植株的葉片會帶有些微的紅色。和大三色（P.63）非常相似，但此品種的生長速度稍微緩慢，且較喜歡水分。植株基部容易積水，如果積水就容易腐爛，因此澆水之後要將植株倒置一下，清除多餘的水分。

大三色
T. juncea

取得難度：**容易**　尺寸：**中**　日照：**A**

直線條的葉片密集，是牧草型的代表。葉
片不外擴，朝上方直直延伸。帶有細微毛
狀體的銀葉系品種。較為耐旱且生長旺
盛，是強健的空氣鳳梨。容易長子株，易叢
生。會朝著光線的方向彎曲成長。

卡博士
T. scaposa

取得難度：**容易**　尺寸：**中**　日照：**B**

和小精靈（P.56）雖相似，不同點在於葉
片會朝同一方向捲曲。因原產地是較寒冷
的山岳地帶，因此耐寒性強，可忍受約5度
的低溫；但相對也不耐夏季的高溫多濕。
不耐悶熱的銀葉系，栽培地點請以通風為
優先考量。如果使其附生在蛇木板等介質
上，不僅有益於日後的生長，管理也會較
為輕鬆。

多國花
T. stricta

取得難度：**普通**　尺寸：**大**　日照：**B**

開花性非常好的品種。特徵是強健、生長速度快且容易叢生。喜歡日照和水分。常長出新的葉片導致密集叢生，因此需經常將枯葉或老舊葉片清除，以確保通風良好，防止悶熱。除了葉片柔軟的基本款軟葉品種外，也有葉片堅硬的硬葉品種，有著各式各樣的種類存在。為綠葉系。

多國花雜交
T. stricta hybrid

取得難度：**困難**　尺寸：**大**　日照：**B**

多國花有相當多樣的變種和栽培品種，其中有很多品種明顯的表現出單一親本的特性。因為葉片的長法或顏色各不相同，若收集並齊聚一堂也滿有趣的。性質與基本品種的多國花大致相同，強健且不太需要費心照顧。圖為以多國花雜交而流通的交配品種。

電捲燙
T. streptophylla

取得難度：**普通**　尺寸：**中**　日照：**A**

銀葉系的人氣品種之一。特徵是猶如把霸王鳳（P.60）縮小而成的形狀，上方的葉片會略微直立。葉片柔軟，當水分變少時，整體會捲縮變圓。正因為這樣的形狀，所以葉片縫隙間易積水，也易腐爛，澆水後需確保良好的通風，讓葉片表面的水分徹底乾燥。

犀牛角
T. seleriana

取得難度：容易　尺寸：大　日照：C

壺型空氣鳳梨的代表品種。銀葉系，葉片表面多毛狀體，摸起來觸感柔軟。因基部的形狀易積水，所以澆水後一定要將植株倒置，將水甩乾，之後再移到通風良好的場所。嚴禁直射的陽光，即使日照不太充足也能生長。購買時用手秤秤看，挑選較有重量的植株為宜。

特別犀牛角
T. seleriana 'special'

取得難度：困難　尺寸：大　日照：C

犀牛角系列中，葉序、葉片的長法皆特別有份量的品種，以特別犀牛角之名流通。有時市面上會突然很多，之後又突然消失蹤跡，流通量起伏不定。栽培時的重點與犀牛角相同。

雞毛撢子
T. tectorum

取得難度：普通　尺寸：大　日照：A

人氣的銀葉系品種。原生於不太會起霧的海拔2000公尺高地岩石區，因此吸收水氣的毛狀體相當發達。如果要維持美麗的樣貌，就要確保是否有適度的日照和通風，並且在澆水後置於水分容易變乾的場所。澆水過多會造成毛狀體減少，所以要節制水量。有多種不同的株型在市面上流通。

紫水晶
T. tenuifolia

取得難度：**普通**　尺寸：**中**　日照：B

葉片細而質地微硬，會綻放淡藍色的小花。和多國花（P.64）非常相似，但紫水晶的葉片數量較少。株型容易因為生長環境出現較大的變化。雖然是綠葉系品種，但在日照稍微不足的場所一樣可以栽培。

樹猴
T. duratii

取得難度：**普通**　尺寸：**大**　日照：C

長莖型，有著非常硬的厚實葉片，下垂且前端捲曲，形成獨特有個性的姿態。能生長成相當大型的品種。如果擺放在桌面等處，葉片容易折損或壓扁，為了方便欣賞其美麗的樣貌，建議可以從天花板垂掛下來。銀葉系，較能耐乾燥與陰暗。

三色花
T. tricolor

取得難度：**普通**　尺寸：**中**　日照：**C**

強健的綠葉系品種，硬質葉片，葉色的漸層變化令人印象深刻。開花時可看到花序的紅色、黃色與紫色花朵的三色（tricolor）。本品種具有積水型鳳梨的部分性質，和細紅果（P.72）相同，植株基部有蓄水構造可以盆植。在密閉的房間中容易悶熱而生長不良，建議栽培於通風良好的場所。

紅女王頭
T.paucifolia

取得難度：**普通**　尺寸：**大**　日照：**B**

擁有略為厚實的葉片，耐暑熱的品種。春天到夏天的期間若能置於室外的屋簷下等場所，並且施予充足的水分，植株就會膨脹鼓起，非常健康旺盛地成長。因為是銀葉系品種，所以日照不太充足的環境也能生長。不耐冬天的寒冷，如要越冬，需放在10度以上的場所。

哈里斯
T. harrisii

取得難度：**容易**　尺寸：**中**　日照：A

銀葉系的入門品種。簇生型，特徵是呈螺旋狀捲曲的葉片。柔軟的葉片容易折損或受傷，因此如果要維持其美麗的樣貌，要留意擺放的空間與環境等。因植株基部易積水，澆水後要倒置一下，確實清除多餘的水分。

費希古拉塔
T. fasciculata

取得難度：**普通**　尺寸：**大**　日照：A

十分常見且廣受歡迎，大型又美觀的品種。銀葉呈放射狀展開，能長成大型植株。較喜歡水分，可經常噴灑霧水，也可視情況將植株浸泡水中。易長根，因此也可利用盆栽來種植。銀葉系品種。

綠毛毛
T. filifolia

取得難度：**普通**　尺寸：**中**　日照：A

人氣高的綠葉系品種，特徵是呈細長線狀的柔軟葉片。植株基部為茶色，新芽則是明亮的綠色。綠毛毛的魅力就在於其他品種所沒有的纖細感，作為擺飾時要盡量突顯其特性。因為不太耐旱，經常噴灑霧水是維持漂亮姿態的訣竅。植株重量輕，風大的日子若放在室外會被風吹走，這點要特別留意。如果將不同樣貌的類型一起擺飾，一定能互相襯托出彼此的個性吧！

寬葉白毛毛

T.fuchsii var. fuchsii

取得難度：**普通** 尺寸：**中** 日照：**A**

俗稱海膽。白毛毛系列的基本種，比白毛毛（右）
的葉片要厚而結實。帶白色的銀葉猶如毛栗子般
密生，其美麗的姿態相當有人氣。購買時，要挑
選葉片前端沒有折損，且以手拿取時較有重量的
植株。

白毛毛

T. fuchsii gracilis

取得難度：**普通** 尺寸：**中** 日照：**A**

此品種的魅力在於非常細而纖柔的葉片。因為
容易折損，如果需要浸泡在水中時，請單獨進
行。空氣乾燥時，原本漂亮的銀葉會從前端開始
變成茶色枯萎，經常噴灑霧水能有效預防此狀
況。開花時會如圖一般，伸出像線香煙火般細長
的花莖。

虎斑

T. butzii

取得難度：**容易** 尺寸：**中** 日照：**B**

人氣品種，特徵是壺型基部上的條狀紋路。葉片
像自然捲的頭髮般，捲曲地長長延伸。圖中的葉
片約有40公分，帶有類似皮革線的質感。為強健
且生長速度快的綠葉系品種，即使不開花也能長
出子株，易叢生。取得容易。因為較為喜歡水分，
建議不只噴霧水，最好也要進行浸泡作業。

貝可利
T. brachycaulos

取得難度：**容易**　尺寸：**中**　日照：A

綠葉系的代表，有各式各樣的系統。因為喜歡水分和濕氣，每天噴灑霧水是保持美麗樣貌的祕訣。但也因此容易悶濕，需要確保良好的通風。生長速度快，易長根，能讓植株附生於漂流木上便於欣賞。如果日照條件良好，時而會染上紅色。

紅小犀牛角
T. pruinosa

取得難度：**普通**　尺寸：**中**　日照：A

小壺型的人氣品種。銀葉系，特徵是扭曲的葉片以及沉穩色澤的漸層變化。葉片表面有很多毛狀體，摸起來相當柔軟。雖然喜歡水分，但葉片縫隙間容易積水，澆完水後要將植株倒置一下清除多餘水分，並保持通風。開花期前，植株整體會轉變呈現深紫紅色。

章魚
T. bulbosa

取得難度：**容易**　尺寸：**中**　日照：**B**

壺型的常見品種。筒狀的柔軟葉片從植株基部開始就扭曲地延伸開來，相當有特色的株型。生長速度較快，如果栽種在濕度較高的明亮場所，就能迅速生根成長。擺放在陽光直射的場所會使葉片燒焦，隔著蕾絲窗簾的柔和光線較為理想。植株基部容易積水，澆水後一定要將植株倒置一下將水甩乾。屬於綠葉系，栽培時注意不要使其過分乾燥。

小狐尾
T. funckiana

取得難度：**普通**　尺寸：**中**　日照：**A**

長莖型，葉片纖細，有著像松鼠尾巴的形狀。如果擺放在明亮的場所會帶有紅色，是受歡迎的人氣綠葉系品種。雖然喜歡水分，但若是置於密閉的室內，容易悶濕而易枯萎，尤其是在澆完水後，一定要移動至通風良好的場所。經常噴灑霧水有助於維持良好狀態。生長速度較快，容易叢生的類型。是紅寶石（P.55）的同類，耐寒性低，冬季時要擺放在10度以上的場所。

細紅果
T. punctulata

取得難度：**普通**　尺寸：**大**　日照：A

積水類型，無論是否以盆栽種植都能生長。牧草型的綠葉系品種較喜歡水分，因此要注意是否通風良好，避免悶熱。如果突然直曬強光，葉片會捲起，因此移動到室外時要循序漸進，慢慢使植株習慣，並且要避免午後的直射陽光。若盆植，植株能長高至30公分以上。

貝利藝
T. baileyi

取得難度：**普通**　尺寸：**中**　日照：B

壺型的強健品種，厚實的葉片呈螺旋狀長長地延伸。葉片柔軟的銀葉系。生長速度較快，易長根，因此植株很容易附生在軟木板或漂流木上。即使不開花也容易長子株，圖中的植株就是叢生狀態。

貝里奇安娜

T.velickiana

取得難度：普通　尺寸：中　日照：A

白色且柔軟的長葉片呈放射狀展開，給人優雅印象的銀葉系品種。非常喜歡水分，因此每天一定要噴灑霧水。水分一旦不足，葉片兩側會向內捲起。因為葉片容易折損和受傷，進行浸泡作業的時候要單獨進行。生長速度算是比較快的品種。

萊恩巴萊

T. reichenbachii

取得難度：普通　尺寸：中　日照：A

葉片質地硬，彎曲的角度似乎有稜有角，依照植株不同，形狀也相當多樣。特徵是猶如樹猴（P.66）縮小版的銀葉系品種。葉片容易折損要小心留意。喜歡水分，但通風不良時下方的葉片會發黑，因此如果栽培在室內，要讓空氣確實流通。花朵會散發出茉莉花般的香味。

73

個性化品種

70

接下來將介紹70種
擁有獨特姿態、花朵，
充滿魅力的空氣鳳梨。
其中也包含專門店才買得到的
稀有品種或栽培難度高的品種等。

＊圖鑑使用說明請參照P.54。

樹猴相似種

T. aff. duratii

取得難度：困難
尺寸：中　日照：A

樹猴（P.66）的近緣種，
栽培方法相同。aff代表近
似的意思。和樹猴相同都
是葉片下垂生長，但較為
小型，葉片粗細也不同。
生長速度比樹猴快，喜歡
日照。以吊掛的方式栽培
更能展現其美麗姿態。銀
葉系。

玻利維亞相似種·
藍花

T. aff. boliviensis 'Blue Flower'

取得難度：困難
尺寸：中　日照：A

厚而緊實的葉片呈放射狀
展開，是玻利維亞的近緣
種。厚實的銀葉上面覆蓋
了短毛狀體。栽培容易，
但如果使其附生在蛇木板
上會更有助於生長。花朵
有個別差異，多開出與名
字相異的粉紅色花朵。

紫葉大型紫羅蘭

T. aeranthos 'Purple Giant'

取得難度：困難
尺寸：大　日照：A

生長速度較快，初學者也
容易栽培的紫羅蘭（P.55）
之一，一如其名，植株屬
於大型種。帶有紫紅色的
銀葉非常美麗。請務必在
自然光下栽培，享受其天
然漂亮的色彩。

迷你紫羅蘭

T. aeranthos 'Mini Purple'

取得難度：困難
尺寸：中　日照：A

非常強健的紫羅蘭系列之
一。小型品種，植株微帶
紫紅色，具有硬質的銀
葉。耐旱又耐寒，溫暖地
區終年皆可在室外栽培。

大型饒舌墨綠

T. atroviridipetala 'Large form'

取得難度：困難
尺寸：中　日照：A

與普魯摩沙（P.82）相
似，但葉片質地較硬，整
體覆蓋短毛狀體的銀葉系
品種。如果處於高溫多濕
或過於潮濕的狀態下容易
腐爛，夏季時尤其要注意
栽培環境的管理。

阿海力 ×
紅小犀牛角

T. arhiza-juliae × pruinosa

取得難度：**困難**
尺寸：**中**　日照：**A**

兩品種的交配種。親本都
是基部膨脹的壺型人氣品
種，為繼承了親本特性的
銀葉系。雖然栽培較為容
易，但夏季澆水後，若基
部積水則容易受傷，要確
實清除多餘水分。

阿比達

T. albida

取得難度：**困難**
尺寸：**大**　日照：**A**

全株覆蓋著質地細緻的純
白毛狀體，是非常美麗的
長莖型銀葉系品種。只是
葉片稍硬，容易折損和受
傷。管理時不妨垂掛植株
或使其附生，較容易維持
姿態。雖然生長緩慢，但
非常強韌。

亞伯提那

T. albertiana

取得難度：**困難**
尺寸：**小**　日照：**A**

有著深綠色厚實葉片的綠
葉系品種。若在日照條件
良好的場所中栽培，植株
整體會染上銀灰色，展現
出低調沉穩的色彩。生長
速度較快，生命力強健。
讓植株附生更有助於促進
生長。鮮紅色的花朵尤其
美麗。

長莖小精靈

T. ionantha var. *van-hyningii*

取得難度：**困難**
尺寸：**中**　日照：**A**

小精靈（P.56）系列之
一，長莖且莖部挺立的
變異種。生長速度較其他
小精靈來得慢。綠葉系，
開花前植株整體會染上紅
色。不太耐寒，因此冬季
澆水時要注意，且最好在
沒有溫差的場所中管理。

胖男孩精靈

T. ionantha 'Fat Boy'

取得難度：**普通**
尺寸：**中**　日照：**A**

相較之下流通量較多，可
說是空氣鳳梨代表的小精
靈系列中，株型較大的品
種。生長旺盛，花朵可供
欣賞。易長子株，是容易
叢生的類型。

德魯伊小精靈

T. ionantha 'Druido'

取得難度：**困難**
尺寸：**中**　日照：**A**

小精靈系列一般都是開紫
花，此品種則是開白花。
若在日照條件十分良好的
場所中管理，開花前葉片
會染上黃色，這也是此品
種的特徵之一。如果附生
在蛇木板等，更能維持良
好的植株狀態。

狂歡節精靈
T. ionantha 'Mardi Grass'

取得難度：困難
尺寸：中　日照：A

在日照條件良好的場所生長，葉片前端會染上鮮紅色，是相當美麗的綠葉系品種。和其他小精靈相比，葉片稍細且纖柔。毛狀體多，乾燥的時候看起來會略帶白色。栽培方法和其他小精靈相同。

華美路拉小精靈
T. ionantha var. *'Maxima'*

取得難度：困難
尺寸：大　日照：A

小精靈系列中的大型綠葉系品種。葉片密集生長的短胖株型，拿取時還能感覺到沉重感。雖然栽培容易且生長快，但因葉片密集，不耐悶熱，因此要在通風良好的場所中管理。若是照射到強光，葉片容易燒焦。

龍精靈
T. ionantha 'Ron'

取得難度：困難
尺寸：小　日照：A

在小精靈系列中屬於較小型的品種。肥厚的短葉片向外側用力彎曲伸展的樣貌相當可愛。日照條件良好或是開花前，中心部分的葉片會帶黃色。是能夠欣賞美麗漸層變化的綠葉系品種。

黃水晶
T. ixioides

取得難度：困難
尺寸：中　日照：A

銀葉系。硬質的葉片微微向內捲曲，形成端正的簇生型。附生在蛇木板等介質上，生長會更為穩定。植株中心部分若是積水，容易從基部開始腐爛，因此澆水後需將植株倒置一下，去除多餘水分。

小型黃水晶
T. ixioides 'Dwarf'

取得難度：困難
尺寸：小　日照：A

黃水晶的小型品種。和黃水晶一樣有著硬質葉片，並且展開成漂亮的星形。雖然生長速度慢，但生命力較為強健，易長子株且容易叢生。是空氣鳳梨中難得會開出黃花的品種，花朵散發淡淡清香。

黃水晶 × 樹猴
T. ixioides×T. duratii

取得難度：困難
尺寸：大　日照：A

黃水晶（上）和樹猴（P.66）的交配種。株型繼承了樹猴的特質，彷彿有脊椎骨般直挺挺的生長。栽培容易且強健的銀葉系品種。會綻放出非常美麗的藍色花朵，花期後易長出子株。

巨型維尼寇沙
T. vernicosa 'Giant Form'

取得難度：困難
尺寸：大　日照：A

厚實且硬質的葉片呈簇生狀展開，是維尼寇沙系列的品種之一。較長的葉片會彎出柔和的弧度，勾勒出的優雅姿態讓人印象深刻。長且硬的葉片很容易折損、受傷或擦傷，因此處理時要小心留意。是美麗的大型銀葉系品種。

紫色巨型維尼寇沙
T. vernicosa 'Purple Giant'

取得難度：困難
尺寸：大　日照：A

簇生型的大型品種，有著非常端正姿態的銀葉系品種。日照不足時，整體會呈現綠色，但如果日照條件良好，深紅色的銅葉會染上非常美麗的紫紅色。陽光過強會使葉片燒焦，要盡量避免。尤其夏季時要特別注意。

紅色艾特沙
T. extensa 'Red form'

取得難度：困難
尺寸：大　日照：A

艾特沙優雅的長葉片自在展開，是生長旺盛的大型品種。植株的中心部分帶有紅色，日照條件充足的情況下，植株整體皆會染成相當美麗的紅色。雖然覆蓋著短毛狀體，管理時水分卻要多一些，可以盆植。強健且易長子株的銀葉系品種。

噴泉
T. exserta

取得難度：困難
尺寸：大　日照：B

能夠長成大型植株的強健銀葉系品種。耐寒性較高，若最低氣溫能維持在5度以上，即使置於室外的屋簷下等處也能過冬。硬質的長葉片優雅地展開且彎曲，若能以垂吊方式種植，就能維持其美麗的姿態。葉片容易折損，因此處理時要特別留意。

克里加拉
T. cauligera

取得難度：困難
尺寸：大　日照：A

有著硬挺葉片的強健長莖型銀葉系品種。覆有毛狀體，整體看起來幾乎像是白色，雖然耐旱性較強，但極度缺水時，葉片也會像其他品種般兩側向內捲起。植株輕，如果置於室外管理，要注意別讓強風折損葉片。

多明尼加卡比它它
T. capitata 'Domingensis'

取得難度：困難
尺寸：中　日照：A

整體呈現酒紅色的美麗植株。在綠葉系的卡比它它中屬於毛狀體較多，葉片略硬的品種。較不耐寒，需在最低氣溫10度以上的場所中管理。容易長根，很適合想要讓植株附生並裝飾壁面的初學者栽培。

卡比拉里斯
T. capillaris

取得難度：困難
尺寸：小　日照：A

雖是小型的銀葉系品種，但易分枝也易叢生。形成叢生的植株大多狀態佳，也因此容易悶熱，建議垂吊在通風良好的場所中管理。不喜歡極端的氣溫變化，所以能維持一定氣溫的明亮窗邊最為合適。

絨毛白劍
T. xiphioides 'Fuzzy form'

取得難度：困難
尺寸：中　日照：A

有著肥厚且稍硬的銀葉，葉片前端如同波浪般捲曲。植株整體覆蓋長毛狀體，在自然光下呈現出非常美麗的銀灰色。會開白色花朵且具有香氣。從長出花芽到開花相當耗時，需要幾個月的時間。

綠薄紗 × 銀月
T. geminiflora × T. recurvifolia

取得難度：困難
尺寸：中　日照：A

兩品種的交配種，較為柔軟的葉片呈放射狀展開，銀葉系品種。生命力強韌，若是置於屋簷下之類的場所，一整年都能放在室外栽培。經常噴灑霧水能維持其美麗的樣貌。最低氣溫若在15度以上，也可直接以蓮蓬噴頭灑水。

康馬帕尼斯
T. comarapaensis

取得難度：困難
尺寸：中　日照：A

和黃水晶（P.76）相似的硬質葉片形成簇生型。因為是在原產地玻利維亞的科馬拉帕（Comalapa）城鎮發現，因而以此為名。如果過分乾燥，葉片前端會變成茶色，因此要經常噴灑霧水。葉片易折損，建議讓植株附生於介質板，進行垂吊式管理。

空可樂 × 小精靈
T. concolor × T. ionantha

取得難度：困難
尺寸：中　日照：A

兩品種的交配種。綠葉系，猶如將小精靈（P.56）的葉片延伸成帶狀一般。雖然性質強健，但不耐寒，需在10度以上的明亮場所中管理。施給液體肥料有助於維持良好狀態，如果最低氣溫在15度以上，一個月施給液肥一次就能讓生長狀況更好。

空可樂 × 電捲燙
T. concolor × T. streptophylla

取得難度：困難
尺寸：中　日照：A

強健的空可樂（P.62）和高人氣壺型電捲燙（P.64）的交配種。和親本一樣愛水，缺水時要進行浸泡作業，並確實去除多餘水分。耐寒性低，需要在溫差少且通風良好的場所中管理。綠葉系品種。

粗皮
T. schatzlii

取得難度：困難
尺寸：中　日照：A

硬而肥厚的葉片上長有短毛狀體，猶如帶著光澤的鯊魚皮。葉片數量少，有的彎曲，有的直立，依照植株不同而有個別差異。雖然新芽的延展較慢，但相較之下容易長根，讓植株附生於介質上生長會更為穩定。植株基部易腐爛，要確保通風良好。

小變色龍
T. jonesii

取得難度：困難
尺寸：中　日照：A

葉片硬，以手指觸摸甚至會感到疼痛。中心的生長點會如長莖型朝上延伸的銀葉系品種。如果沒有直接受到寒風吹拂，最低能耐受0度左右的氣溫。葉片在陰暗的環境中會呈現綠色，若想維持美麗的紫紅色，需要充足日照，但是請避開直射的陽光。

蘇黎世
T. sucrei

取得難度：困難
尺寸：小　日照：A

覆蓋著棉花一般的長毛狀體，是美麗的小型銀葉品種。柔軟纖細的葉片易變形，因此要小心處理，也可使其附生於蛇木板等介質上。春天至夏天的生長期，建議擺放在屋簷下等通風良好的場所栽培。會綻放出大輪的桃色花朵。

小白龍
T. stellifera

取得難度：困難
尺寸：中　日照：A

植株整體被羽毛狀的毛狀體覆蓋，是美麗的純白色銀葉系品種。性質強健，最低能耐到約5度左右的氣溫，但生長速度明顯緩慢。植株一旦受傷就很難維持漂亮的樣貌，因此強烈的自然光和充足的通風不可或缺。垂吊式的管理較為妥當。

多國花・
比尼佛爾密斯
T. stricta piniformis

取得難度：困難
尺寸：中　日照：A

葉片呈螺旋狀延伸，植株整體成細長的水滴型。質地硬且散發銀灰色光澤的美麗銀葉系品種。栽培方式和基本種一樣簡單。春天至夏天的生長期，噴灑霧水之外，再以蓮蓬噴頭施予充足的葉水（藉由葉面吸收水分），更能維持植株的美麗樣貌。

粉花青銅葉多國花
T. stricta 'Pink Bronze'

取得難度：困難
尺寸：中　日照：A

栽培方法和基本種相同，是一款初學者也容易栽培的強健銀葉系品種。若照射充足的日光，葉片前端會染上青銅色，以附生的方式栽培，植株的顏色會更加鮮明。花苞是淡淡的粉紅色，會綻放出優雅的藍色花朵。雖然耐暑熱，但要確保通風。

賽肯達變種
T. secunda var. 'major'

取得難度：困難
尺寸：大　日照：A

賽肯達的變種，特徵是銀葉系的簇生型。葉色接近綠色，喜歡水分和良好的通風。春天到秋天的生長期，建議在傍晚以蓮蓬噴頭施予充足的水分。澆水後需將植株倒置一下，確實清除多餘的水分。可盆植。耐暑熱，但不耐寒。

香檳
T. chiapensis

取得難度：困難
尺寸：中　日照：A

銀葉系品種，肥厚且硬質的葉片扭曲著展開，植株整體覆蓋短毛狀體。雖然看起來像白色，但含有紅色色素，如能照射充足的陽光，顏色會更為明顯。生長較慢，大型花序要耗費數月的時間慢慢延伸，進而開花。容易長子株。

白水晶
T. diaguitensis

取得難度：困難
尺寸：中　日照：A

和粗糠（P.81）非常相似，但葉片比粗糠更細，容易生長成大型叢生的銀葉系品種。硬質的葉片容易折損或受傷，如果能附生在漂流木上，並使其倒立向下垂吊會更好。美麗的枝幹呈放射狀展開。需要經常補充水分。白色的花朵非常優美。

迪迪斯
T. didisticha

取得難度：困難
尺寸：大　日照：A

厚實的葉片像波浪般一邊彎曲一邊展開成放射狀，優雅的銀葉系品種。葉數多所以容易悶熱，需置於通風良好的場所中管理。生長緩慢，直到長成大株之前要耐心仔細地照顧。最低氣溫如在5度以上，就能在室外的屋簷下等場所中栽培。

細葉紫水晶
T. tenuifolia vaginata

取得難度：困難
尺寸：大　日照：A

紫水晶（P.66）的一種，綠葉系，宛如松鼠尾巴的形狀相當獨特。葉片質地硬，前端尖。是容易栽培且生長速度較快的強健種，如圖中植株般易叢生。水分需求量大，因此春天至夏天時要經常補充葉水。

妮兔絲（小精靈 × 費希古拉塔）
T. nidus（T. ionantha × T. fasciculata）

取得難度：困難
尺寸：大　日照：A

植株基部與葉片密生的小精靈（P.56）相似，葉片則和放射狀展開的費希古拉塔（P.68）相似，是兩者的交配種。最低氣溫如在10度以上，就能置於室外管理，此外也要經常灑水。陽光充足葉色會帶紅色，但需避開直射日照，是漂亮的銀葉系品種。

日本第一
T. neglecta

取得難度：**困難**
尺寸：**中**　日照：A

葉片微硬，密生的綠葉系長莖型品種。強健且栽培容易，生長速度較快。易長子株容易叢生。春天至夏天時可垂吊在屋簷下，此外要注意別讓葉片曬傷。會開出非常優美的紫色花朵。

小型日本第一
T. neglecta 'small form'

取得難度：**困難**
尺寸：**小**　日照：A

綠葉系品種，短短的葉片讓整體呈現出集中密生的姿態。不耐悶熱，澆水後要放到通風良好的場所。如在室內，能時常換氣的場所最為理想。可鋪上種植洋蘭使用的樹皮碎片等，不僅有助於濕度的調節，也能促進生根。

全紅日本第一
T. neglecta 'Rubra'

取得難度：**困難**
尺寸：**小**　日照：A

日本第一的同類，能欣賞到美麗植株色彩的綠葉系品種。依照生長環境，顯色會有差異，如果在生長期照射到充足的陽光，會呈現出更加鮮明深濃的顏色。耐寒性稍弱，但管理容易且易長子株。

滷肉
T. novakii

取得難度：**困難**
尺寸：**大**　日照：A

生長速度較快且容易栽培的銀葉系品種。生長環境如果有充足日照和良好通風，植株整體會隨著季節而染上粉紅色，相當美麗。建議在自然光下培育。因為葉片長且硬，進行泡水等養護工作時，要小心注意別讓葉片折斷。

巴特勒米
T. bartramii

取得難度：**困難**
尺寸：**中**　日照：A

與牧草型纖細葉片給人的印象相反，不僅耐旱也耐寒。流通量少，但其實栽培容易。能盆植，若使用混和了樹皮和輕石的洋蘭專用土，生長發育會更佳。如果單用水苔，因保水度過好，需放置於通風良好的場所。

粗糠
T. paleacea

取得難度：**普通**
尺寸：**大**　日照：A

植株整體看起來接近白色，相當美麗的銀葉系長莖型品種，圖為叢生的植株。管理時要略為乾燥，春天至夏天的生長期，在太陽下山後噴灑葉水為較有效的照顧方式。如果是在白天補充水分，葉片上如同鏡片的水珠可能會導致燒焦。植株重量稍重，以垂吊方式管理要確實綁好固定。

扁擔西施
T. bandensis

取得難度：困難
尺寸：中　日照：A

綠葉系品種，莖部短，葉片茂盛呈扇狀展開。喜歡水分且耐高溫多濕，但對悶熱的耐性特別低，因此良好的通風是絕對必要的。以附生方式栽培就會如圖中的植株般易叢生。放在室外要注意別被風吹走。易結花芽，會開出帶有香氣的小花。

費希古拉塔 ×
霸王鳳
T. fasciculata × T. xerographica

取得難度：困難
尺寸：大　日照：A

葉片有著費希古拉塔（P.68）的直線形，加上霸王鳳（P.60）的寬幅，繼承了雙方特性的交配種。大型又漂亮的銀葉系，因為容易受傷，建議在固定的環境中栽培，並避免進行浸泡作業。確保通風良好，低溫時減少澆水的頻率。

費希古拉塔 × 宏都拉斯
T. fasciculata × T. hondurensis

取得難度：困難
尺寸：中　日照：A

自然交配種。單一親本宏都拉斯的特徵表現得較為明顯，有著顏色綠白而肥厚的銀葉。雖然生長旺盛，但非常不耐悶熱，適合讓植株附生在漂流木或蛇木板上垂吊管理。夏季時尤其需要擺放在通風良好的場所。

斜角巷
T. plagiotropika

取得難度：普通
尺寸：小　日照：A

較容易取得的小型美麗品種。稍微薄而柔軟的綠葉呈放射狀展開。直接擺放時接觸面的葉片容易被壓扁，建議可以附生在漂流木等介質上。進行浸泡作業時，需注意不要被壓在其他植株的下方。雖然喜歡水，但特別不耐悶熱。

貝里斯章魚
T. bulbosa 'Belize'

取得難度：困難
尺寸：中　日照：A

章魚（P.71）的一種，近年才剛開始流通的綠葉系品種。性質強健，春天至夏天的生長期如果給予充足的水分和通風，新芽會一個接一個的冒出來。夏季時的直射陽光會造成葉片燒焦，要注意。購買時選擇拿起來手感沉甸，重量重的植株。

普魯摩沙
T. pulmosa

取得難度：普通
尺寸：小　日照：A

名字是「羽毛狀的」意思。纖細的葉片上長滿了毛狀體，是相當漂亮的銀葉系品種。一旦悶濕，植株整體會發黑而有損美觀，所以良好的通風不可或缺。夏季時尤其容易受傷，在氣溫較低的傍晚至晚間進行澆水較為適當。細長的葉片易折損，要留意。

旋風木柄鳳
T. flexuosa

取得難度：普通
尺寸：大　日照：A

綠葉系，特徵是「ivipara form（從伸出的花莖上長出子株）」。葉片寬且質地硬，即使變乾也容易回復的強健品種。在春天至夏天的生長期，生長相當旺盛，但非常不耐寒。如果最低氣溫低於5度以下，需移至室內管理，並減少澆水頻率。

大狐尾
T. heteromorpha

取得難度：困難
尺寸：中　日照：A

容易有個別差異的銀葉系品種。長莖型，和小狐尾（P.71）的樣貌相當類似，但此品種的葉片稍微肥厚。雖然容易栽培，但生長速度非常緩慢。夏季時要避免高溫多濕，並確保良好的通風。

印加黃金
T. 'Peru Inca Gold'

取得難度：困難
尺寸：中　日照：A

綠葉系，此品種的特徵在於兩側朝內捲曲且稍硬的葉片。葉形非常優美，但容易折損，因此建議附生在軟木板等介質上。栽培容易，噴灑霧水時要補充至足以讓水滴下為止，生長期可利用蓮蓬噴頭施予葉水，以維持肥厚的葉片姿態。花朵散發香氣。

貝姬雜交
T. bergeri hybrid

取得難度：困難
尺寸：大　日照：A

強健的貝姬交配品種，圖為叢生的植株。耐寒性高，一整年都能放在室外栽培的綠葉系品種。如果是置於室內，要選擇日照條件良好的窗邊，一天至少讓空氣流通一次。過分乾燥時植株會萎縮，但透過適當的管理就能重新恢復。氣溫較低時會開出水藍色的花朵。

宏都拉斯
T. hondurensis

取得難度：困難
尺寸：大　日照：A

銀葉上覆蓋短毛狀體，是相當美麗的品種。葉片寬闊肥厚，質地微硬。為了培育出強壯結實的大型植株，建議春天至夏天的生長期間置於沒有直射陽光，通風良好的室外進行管理。

馬可玲堤安納
T. macbrideana

取得難度：困難
尺寸：中　日照：A

美麗的葉片細而柔軟，銀葉系長莖型品種。夏季時的高溫多濕易導致植株悶濕腐爛，建議置於通風良好且涼爽的場所中管理。接觸面多時易受傷，若能讓植株附生在軟木板等介質上垂吊管理，更能維持植株的優美姿態。

藍花松蘿
T. mallemontii

取得難度：困難
尺寸：小　日照：A

與松蘿鳳梨（P.57）相似，但葉片更加纖細的銀葉系品種。圖為長出花莖的植株。會分枝而不斷增多。不耐乾燥，因此需頻繁地噴灑霧水，良好的通風也是不可或缺的。淡紫色的花朵會散發出芬芳好聞的香氣。

牛角
T. myosura

取得難度：困難
尺寸：小　日照：A

銀葉系品種，硬質的葉片交錯著伸展而出，個性化的姿態為其特徵。春秋時生長旺盛易長子株，適合讓植株附生在漂流木等介質並向下垂吊。不喜歡高溫和悶熱，因此夏天時要擺放在半日照且通風良好的場所中管理，一定要避免置於密閉的室內。

米納斯吉拉斯
T. minasgeraisensis

取得難度：困難
尺寸：中　日照：A

美麗的銀葉系，為較強健的品種。能生長成大型植株且易叢生。稍微肥厚的葉片因為容易受傷，比起直接擺放，不如讓植株附生在軟木板等介質上，更能維持其美好的姿態。

變異米瑪
T. mima var. *chilitensis*

取得難度：困難
尺寸：中　日照：A

米瑪擁有寬闊且彎曲弧度大的葉片。此品種為銀葉系，繼承了米瑪的特徵，呈現出漂亮的簇生狀。喜歡水而且生長旺盛，因此可利用加入樹皮碎片和輕石的土壤來盆植。

莫里斯
T. mollis

取得難度：困難
尺寸：小　日照：A

有著優美的銀葉，是松蘿鳳梨（P.57）的近緣品種。葉片比松蘿鳳梨來得稍微肥厚而堅硬。雖然生長緩慢，但生命力強健，而且耐寒也耐暑，容易栽培。將植株附生在漂流木或蛇木板等介質上，垂吊著管理更為適當。

長莖型毒藥
T. latifolia 'caulescent form'

取得難度：困難
尺寸：大　日照：A

多變異品種毒藥的長莖型。強健且具有耐寒特性的綠葉系。冬季時，積水的葉片基部會降低植株溫度，易腐爛。如能減少澆水次數，並利用加濕器等方式提高濕度，就能順利過冬。向下垂吊不會使葉片受傷，還能維持植株的姿態。

小型毒藥

T. latifolia 'small form'

取得難度：困難
尺寸：小　日照：A

綠葉系，在毒藥系列中屬於難得不會變成大型植株的品種。使其附生並長出根系，會更有助於植株生長。相當不耐悶熱，澆水後要盡量確保良好的通風，不要讓植株維持在潮濕的狀態。

紅花白銀

T. recurvifolia

取得難度：困難
尺寸：中　日照：A

美麗的銀葉系品種，特徵是柔軟肥厚的葉片。喜歡水分，但非常不耐夏季的悶熱。澆水後要確實清除多餘的水分，也要確保良好通風的環境。

黃金花・胭脂

T. recurvifolia subsecundifolia

取得難度：困難
尺寸：中　日照：A

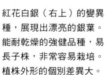

紅花白銀（右上）的變異種，展現出漂亮的銀葉。能耐乾燥的強健品種，易長子株，非常容易栽培。植株外形的個別差異大。

羅斯卡帕

T. roseoscapa

取得難度：困難
尺寸：大　日照：A

能生長成非常大型的長莖型銀葉系品種。硬質且肥厚的葉片呈放射狀展開。喜歡日照，春天至夏天可置於室外管理，移動時要讓植株慢慢習慣亮度，才能保持葉片的美麗。低溫時葉片前端會乾枯，因此冬季時要稍微減少澆水次數。利用加濕器也會有很好的效果。

羅莉雅紀

T. loliacea

取得難度：普通
尺寸：小　日照：A

容易栽培的小型綠葉系品種，子株會一個接一個的生長出來，易叢生。黃色的花朵可愛動人。太過乾燥時植株易萎縮，建議在植株下方舖上洋蘭用的樹皮和水苔。擺放在明亮自然光的場所中管理，並且要避免夏季的強烈西曬。

雜貨風綠植家飾 空氣鳳梨栽培圖鑑118　索引

| 花之道 | 50

隨手一放好療癒
雜貨風綠植家飾
空氣鳳梨栽培圖鑑118

作　　　者／鹿島善晴◎著・松田行弘◎視覺總監
譯　　　者／楊妮蓉
發　行　人／詹慶和
總　編　輯／蔡麗玲
執　行　編　輯／蔡毓玲
編　　　輯／劉蕙寧・黃璟安・陳姿伶・李宛真
執　行　美　術／周盈汝
美　術　編　輯／陳麗娜・韓欣恬
出　版　者／噴泉文化館
發　行　者／悅智文化事業有限公司
郵政劃撥帳號／19452608
戶　　　名／悅智文化事業有限公司
地　　　址／新北市板橋區板新路206號3樓
電　　　話／(02)8952-4078
傳　　　真／(02)8952-4084
網　　　址／www.elegantbooks.com.tw
電　子　信　箱／elegant.books@msa.hinet.net

2018年04月　初版一刷　定價380元

HAJIMETENO AIR PLANT SODATEKATA KAZARIKATA by
Yoshiharu Kashima
Supervised by Yukihiro Matsuda
Copyright © Yoshiharu Kashima, 2016
All rights reserved.
Original Japanese edition published by Ie-No-Hikari
Association
Traditional Chinese translation copyright © 2018 by
ELEGANT BOOKS CULTURAL ENTERPRISE CO,. LTD.
This Traditional Chinese edition published by arrangement
with Ie-No-Hikari Associtaion,
Tokyo, through HonnoKizuna, Inc., Tokyo, and KEIO
CULTURAL ENTERPRISE CO., LTD.

經銷／易可數位行銷股份有限公司
地址／新北市新店區寶橋路235巷6弄3號5樓
電話／(02)8911-0825
傳真／(02)8911-0801

作者
鹿島善晴
Kashima Yoshiharu

植物學家（植物管理人）。過去長年負責「PROTOLEAF Garden Island玉川店」的採購與販售工作。2015年起，亦曾兼任植物專門店「tukuriba GREEN調布店」的店長，該店服務人員皆擁有專業的植物知識。也經常以解說員的身分，在電視與雜誌上介紹空氣鳳梨、多肉植物為主的植物等。

視覺總監
松田行弘
Matsuda Yukihiro

園藝師。旅英期間進入造園公司工作，之後獨立創業。除了庭園的設計與造景施工外，2003年於自由之丘開立了骨董家具與雜貨的專門店「BROCANTE」，於橫濱設立「BHSaround」。著有《庭と暮らせば（自然舒適古樸風格綠意生活布置實例選）》、《フランスの庭、緑、暮らし（法國庭園、綠意與生活）》（皆由Graphic社出版）。

設計　　　塚田佳奈（ME＆MIRACO）
攝影　　　落合里美
編輯　　　瀧下昌代
插圖　　　今井未知
校正　　　佐藤博子
DTP製作　　天龍社

〈協力〉
PROTOLEAF Garden Island玉川店
東京都世田谷區瀨田2-32-14
玉川高島屋S・C　Garden Island 2F
http://www.protoleaf.com

tukuriba 二子玉川店（本店）
東京都世田谷區瀨田2-32-14
玉川高島屋S・C　Garden Island 1F
http://www.tukuriba.jp/

BROCANTE
東京都目黑區自由之丘3-7-7
http://www.brocante-jp.biz/

〈參考文獻〉
《エアプランツLife（空氣鳳梨Life）》日東書院出版
《藤川忠雄のティランジアブック》Mynavi出版
中譯本《懶人植物新寵空氣鳳梨栽培圖鑑》由噴泉文化館出版

國家圖書館出版品預行編目資料

隨手一放好療癒：雜貨風綠植家飾 空氣鳳梨栽培圖鑑118 / 鹿島善晴著；松田行弘視覺總監；楊妮蓉譯 . -- 初版 . -- 新北市：噴泉文化館出版：悅智文化發行, 2018.04
　面；　公分 . -- (花之道；50)
ISBN 978-986-95855-6-9(平裝)
1.鳳梨 2.栽培

435.326　　　　　　　　　　　107004421